Microsoft
Azure
Fundamentals
［AZ-900］合格教本

改訂新版

神谷 正／国井 傑 著

技術評論社

はじめに

　AZ-900は、マイクロソフトが提供するクラウド系資格のベースとなる試験です。Microsoft Azureの基礎はもちろん、一般的なクラウドの知識を習得できるIT系の基礎資格といえます。また、幅広いクラウドの知識を証明できます。

　Microsoft Azureは、世界最大規模のクラウドであるため、小規模な環境から非常に大規模な環境まで、幅広くサポートできます。コスト面に関しても規模の大きいクラウドであるため、安価にさまざまなシーンに合わせたITシステムが構築可能です。特に、先端技術などの取入れが早く、企業のビジネスニーズに即応できる点は、大きなメリットとなります。

　本書を活かして資格を取得することで、基礎的なクラウドの知識の証明が可能となり、ベンダーに依存しないクラウドの知識の証明ができます。さらに、Microsoft Azureが提供できるサービスやソリューションの概要を理解していることの証明となります。つまり、Microsoft Azureを利用したシステム提案やソリューション提案の際に必要となる、「基礎的な知識を保有している」ことの証となります。

　また、資格対策を中心として機能やポイントを紹介していますが、それに加えて、実際のクラウド利用時のメリットと注意点も併せて紹介をするように努めましたので、少しでも本書が皆様のお仕事に役立てばと願ってやみません。

　現在、ITシステムを取り巻く環境は、クラウドがさまざまな面で活用されています。そのクラウドを知る上での第一歩として、この書籍が役立つことに期待しています。

　本書の執筆にあたって、いろいろなご協力やご助言をいただきました共著者の国井傑様に感謝をしております。さらに、遅筆な私の作業に最後までお付き合いいただきました、技術評論社の遠藤利幸様にお礼を申し上げます。

2024年4月　神谷　正

目次

CONTENTS

第1章　Azure Fundamentals試験とは　13

第2章　クラウドの概念　29

第3章 Azureアーキテクチャとサービス 77

第4章 Azureの管理とガバナンス　171

模擬試験　223

本書の構成

　本書の特徴は、比較的短時間で一項目を学べることと、豊富な問題数です。

　本書は節単位 (2-1、2-2…など) で問題を入れ、わかりやすく解説しています。1章分テキストを読み切らないでも、少しずつ、無理なく、学習と問題演習を繰り返すことができるので、短時間でも学習することができます。

　各節の演習問題と巻末の模擬問題には、さまざまな形式の問題が多数掲載されています。

　本書は、4章に分けた本文と模擬試験2回分で構成されています。各章の各節はテキストと演習問題で構成されています。

1 テキスト

　本書は、マイクロソフト社が公表しているAZ-900学習ガイドの「評価されるスキル (2024年1月23日以降)」とほぼ同じ構成 (章立て) にしています。試験範囲から外れてしまう項目を学習することなく、「評価されるスキル」と同じ順番で、安心して効率よく学習することができます。

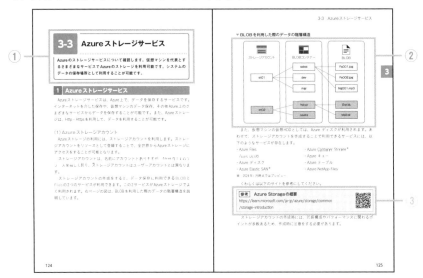

①節のテーマ：節のテーマとこの節で何を学習するかを示しています。

②図表：本書では、構成例や設定例などをわかりやすく、図や表にしています。

③URLとQRコード：さらに深い内容を知りたい方向けに、参考URL（詳細URL）
と、スマートフォンなどで使えるQRコードを書籍に載せました。学習の補助
としてご活用ください。

2 演習問題

　本書には、各節ごとに関連する演習問題を挟み込んでいます。テキストを読
んだあとにすぐに問題が解けるので、短時間で着実に学習できます。

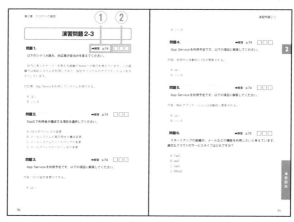

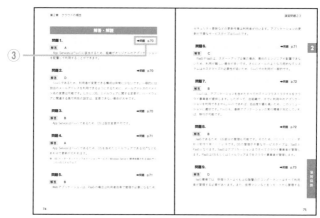

①解答のページ：解答の掲載ページを表しています。
②チェック欄：問題を解いたか、あるいは正解だったかなど、チェックを入れるチェック欄です。必要に応じてお使いください。
③問題のページ：問題の掲載ページを表しています。

3 模擬試験

　模擬試験を巻末に2回分掲載しました。最後の総仕上げに解いてみましょう。
　模擬試験の問題は2章から4章に関する問題をランダムに並べてあり、試験に近い形になっています。
　解説には、参照する節を記してありますので、わからない場合やあやふやな場合は、テキストの該当する節に戻って復習をしましょう。
　また、模擬試験には、テキストでは触れていない問題も入っています。この場合は、問題を解いて、覚え、知識の補完し、理解を深めてください。

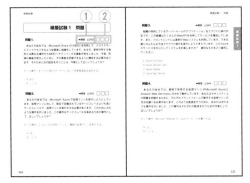

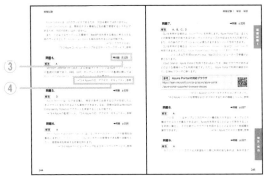

①解答のページ：解答の掲載ページを表しています。

②チェック欄：問題を解いたか、あるいは正解だったかなど、チェックを入れるチェック欄です。必要に応じてお使いください。

③問題のページ：問題の掲載ページを表しています。

④参照する節：この問題に対する説明がどの節に対応するかを記載しています。もう一度復習するときに、参考にしてください。

4 本書の使い方

まず、第1章から第4章の本文を読んでいきましょう。何度か読み終えたのちに、模擬試験を解きましょう。

(1) 一通り読んでみる

第1章は、Azure Fundamentals試験の概要、試験範囲、受験の仕方などについて触れています。必ず読みましょう。

第2章から第4章は、Azure Fundamentals試験の具体的な学習内容です。

はじめて読むときは、各節（2-1、2-2…など）をはじめから終りまで読み、演習問題を解いてみましょう。しっかり理解しながら、演習問題で理解したかどうかを確認していきます。

(2) 読み終えたら

第1章から第4章を一通り読み終えた、あるいは何回か読み終えたら、総仕上げとして模擬試験を解いてみましょう。模擬試験は、ジャンルを問わず問題が入っています。模擬試験を解いて、試験の雰囲気に慣れてください。また、模擬試験を解いて、間違ったところやわからなかったところは、必ずテキストに戻って復習してください。

(3) 問題集のように使ってみる

すべて読み終えたら、問題集のように使ってみましょう。

第2章から第4章の各節の演習問題、そして模擬試験を何回か解いてみましょう。解説を読み、さらにもう一度解けなかった箇所や学習項目をテキストで読み直して、復習しましょう。

問題を解いて、テキストを読み直す。この繰り返しで知識が定着していきます。

第1章

Azure Fundamentals 試験とは

AZ-900試験

この節では、AZ-900の資格試験について学習します。マイクロソフト社の資格試験の中でAZ-900の位置付けと取得のメリット、取得方法のポイントを解説します。

1 Microsoft認定資格について

Microsoft認定資格（Microsoft Certifications）は、クラウドをはじめとするさまざまなITスキル習得を証明する世界的に認められた資格です。また、マイクロソフト社の各技術に精通していることを表し、専門的な優位性を証明できます。

Microsoft認定資格の取得は、以下のフローで効率的に取得が可能です。

▼Microsoft認定資格の取得フロー

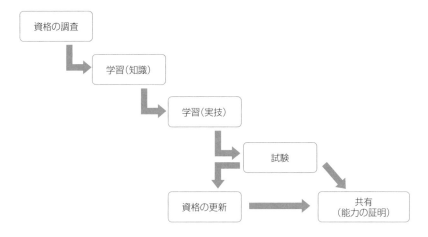

■資格の調査

　自分のキャリア目標や専門分野に合ったMicrosoft認定資格を調査することが大切です。Microsoftの公式ウェブサイトや関連するフォーラム、業界の専門Webサイトなどを参考にして目標を定めることがポイントとなります。また、Microsoft 認定資格には、技術者向け、開発者向け、データサイエンティスト向けなどさまざまな種類があり、各資格には独自の要件があります。

■学習（知識）

　認定資格の取得に必要な知識を習得します。主なリソースは、オンラインコース、書籍、ビデオチュートリアル、公式ガイドなどを活用します。特にMicrosoft Learnが知識の学習に役立ちます。理論的な知識だけでなく、関連する技術の基礎や概念も理解することが重要です。

■学習（実技）

　実際の環境での操作経験を積みます。サンドボックス環境やシミュレーションを用いた実践的なトレーニングが効果的です。実際にMicrosoft Learnなどの参考サイトから実技のための資料を確認することができます。

■試験

　資格ごとに設定された試験を受けます。試験は、オンラインまたは認定された試験センターで実施されます。試験内容は、選択式問題、ケーススタディ、実技試験など試験科目ごとにさまざまなタイプの試験が採用されています。

■資格の更新

　Microsoftの認定資格は、定期的に更新する必要があります。技術の進歩に伴い、最新の知識やスキルを維持することが重要です。更新のためには、追加の学習や試験を受けることが求められますが、基本的には資格取得後のポータルサイトから確認することができます。

■共有（能力の証明）

　取得した資格は、履歴書やLInkedInなどのプロフィールに記載して、自身のスキルと能力を証明します。資格はキャリアの進展に役立つだけでなく、業界内での信頼性を高める効果もあります。ネットワーキングやコミュニティへの参加を通じて、専門知識を共有し、キャリアの発展につなげることができます。

2 ┃ Microsoft Azureの認定資格の体系

Azure系資格は、Fundamentals認定資格という初学者向けの認定資格が用意されています。また、さまざまなロールベース認定資格も存在しており、取得を考える技術者が思い描くスキルパスに沿って学習できるように構成されています。

(1) Fundamentals認定資格

基礎的なAzureへの理解を証明する資格です。初学者向けに設計されておりマイクロソフト社の基礎技術以外に、一般的なクラウドのスキルを証明できる資格が提供されています。また、この資格はITエンジニアだけでなくMicrosoft Azureをベースとしたクラウドをビジネスに応用したいすべての人に向けた入門系の資格となっています。

■Azure Fundamentals (AZ-900)

クラウドサービスの基礎とMicrosoft Azureのサービス、ワークロード、セキュリティなどAzureの一般的な概念やテクノロジーを学習し、それを説明できることを証明します[1]。

■Security, Compliance, And Identity Fundamentals (SC-900)

セキュリティ、コンプライアンス、アイデンティティの基礎を学びそれを説明できることを証明します[2]。

■Azure Data Fundamentals (DP-900)

基本的なデータベース、データ管理に関する基本的な知識とMicrosoft Azureデータサービスの実装と基礎知識を証明します[3]。

■Azure AI Fundamentals (AI-900)

機械学習(ML)、人工知能(AI)の概念や基礎知識を証明します。また、Microsoft Azureでの実装する方法を示すことができます[4]。

(2) ロールベース認定資格

開発者、管理者、セキュリティエンジニア、データベース管理者といったビジネス上のロールに応じた認定資格です。認定試験を1つもしくは複数、取得することで資格認定がなされます。中〜上級者向けの資格も用意されておりFundamentals認定資格から一歩踏み込んだ技術力を証明します。以下にいくつ

かの資格の一部を紹介します。

■Azure Administrator Associate（AZ-104）

Microsoft Azureサービスの実装・管理・運用および監視などの知識を証明します。また、Azureのコアサービスやワークロードを利用した実務経験が6か月以上あることが資格試験を通して評価されます[5]。

■Azure Solutions Architect Expert（AZ-305）

Microsoft Azure上の各種サービスの設計と実装について専門的な知識を有しており、Azureを利用して各種組織のニーズをクラウドソリューションに変換できるスキルを所有することを証明します[6]。

3　AZ-900を取得する目的と拡張性

AZ-900の資格取得は、Azureの基礎技術の理解を証明するとともに、その他のAzure系資格の取得する際の土台となります。Azureのサービス概要を知ることで、個別のコア技術へのステップとして本資格の学習が大きく役立ちます。また、専門的な技術に対してクラウドの全般的なスキルを身に付けることで、知識に深さだけではなく、広さを与えることが可能となります。

（1）AZ-900の資格を取得する目的

AZ-900の資格を取得することで、Microsoft Azureの基礎技術とサービス概要を知ることが可能となり、顧客に対してMicrosoft Azureを紹介したり、ビジネスにどのような変化をもたらせるかを説明できるようになります。

また、Microsoft Azureをさらに深く理解するための土台として、資格取得の学習がさらなるステップアップに役立ちます。

（2）さらに上位の資格を目指すには

AZ-900の上位資格には、Associate認定資格として、Azure Administrator Associateがあり、組織のAzure管理者としてのスキルパスを伸ばすことが可能です。さらにMicrosoft Azureを利用したビジネスインパクトのある組織向けのシステム設計や計画などのスキルを証明するExpert認定資格–Azure Solutions Architect Expertへ向けて学習を進めることも可能です。

▼Microsoft認定資格の体系

Expert

Associate

Fundamentals

Expert認定資格
Microsoft Certified:Azure
Solutions Architect Expert

Associate認定資格
Microsoft Certified:Azure
Administrator Associate

Fundamentals認定資格
Microsoft Certified:Azure
Fundamentals

4 ┃ Azure Fundamentals（AZ-900）試験について

　Azure Fundamentals（AZ-900）試験は、Microsoft Azureを知るにあたって基本となる資格試験です。くわしくはマイクロソフトのサイトで確認可能です。ここでは、試験のホームページより抜粋しつつ説明していきます。

　試験範囲は変わることも考えられます。必ず試験を受ける前に試験のホームページ等で確認してください。

> ●Microsoft Certified:Azure Fundamentals
> https://learn.microsoft.com/ja-jp/credentials/certifications/exams
> /az-900/

（1）試験概要

　Azure Fundamentals試験は、クラウドの概念、Azureサービス、Azureワークロード、Azureのセキュリティとプライバシー、Azureの価格とサポートに関する知識が問われます。受験者は、ネットワーキング、ストレージ、コンピューティング、アプリケーションサポート、アプリケーション開発の概念を含む一般的なテクノロジーの概念に精通している必要があります。

▼試験情報

受験料	12,500円
試験方式	CBT方式（申し込みはマイクロソフトサイト経由）
問題数	30～40問
試験時間	45分（アンケートなど含めると65分）
合格ライン	70%の正答率 （スコア700以上であるため正確に70%ではありません。）

（2）試験範囲

大きく分けて3項目の内容から特定の割合で出題範囲が定められています。

▼AZ-900の出題範囲

クラウドの概念について説明する（25-30%）

- ・クラウドコンピューティングについて説明する
- ・クラウドサービスを使用する利点について説明する
- ・クラウドサービスの種類について説明する

Azureのアーキテクチャとサービスについて説明する（35-40%）

- ・Azureのコアアーキテクチャコンポーネントについて説明する
- ・Azureコンピューティングおよびネットワークサービスについて説明する
- ・Azureストレージ サービスについて説明する
- ・AzureのID、アクセス、セキュリティについて説明する

Azureの管理とガバナンスについて説明する（30–35%）

- ・Azureでのコスト管理について説明する
- ・Azureのガバナンスとコンプライアンス機能およびツールについて説明する
- ・Azureリソースを管理およびデプロイするための機能とツールについて説明する
- ・Azureの監視ツールについて説明する

さらにくわしく、出題範囲をみていきましょう。

クラウドの概念について説明する（25-30%）

・**クラウドコンピューティングについて説明する**
　→クラウドコンピューティングを定義する
　→共同責任モデルについて説明する
　→パブリック、プライベート、ハイブリッドなど、クラウドモデルを定義する
　→それぞれのクラウドモデルに適したユースケースを識別する
　→従量課金ベース モデルについて説明する
　→クラウドの価格モデルを比較する
　→サーバーレスを説明する

・**クラウドサービスを使用する利点について説明する**
　→クラウドでの高可用性とスケーラビリティの利点について説明する
　→クラウドの信頼性と予測可能性の利点について説明する
　→クラウドでのセキュリティとガバナンスの利点について説明する
　→クラウドでの管理の容易さの利点について説明する

・**クラウドサービスの種類について説明する**
　→サービスとしてのインフラストラクチャ（IaaS）について説明する
　→サービスとしてのプラットフォーム（PaaS）について説明する
　→サービスとしてのソフトウェア（SaaS）について説明する
　→それぞれのクラウドサービス（IaaS、PaaS、SaaS）に適しているユースケースを識別する。

Azureのアーキテクチャとサービスについて説明する（35-40%）

・**Azureのコアアーキテクチャコンポーネントについて説明する**
　→Azureリージョン、リージョンペア、ソブリンリージョンについて説明する
　→可用性ゾーンについて説明する
　→Azureデータセンターについて説明する
　→Azureリソースとリソースグループについて説明する
　→サブスクリプションについて説明する

→管理グループについて説明する

→リソース グループ、サブスクリプション、管理グループの階層について説明する

・Azureコンピューティングおよびネットワークサービスについて説明する

→コンテナー、仮想マシン、関数など、コンピューティングの種類を比較する

→Azure仮想マシン、Azure Virtual Machine Scale Sets、可用性セット、Azure Virtual Desktopなどの仮想マシンのオプションについて説明する

→仮想マシンに必要なリソースについて説明する

→Webアプリ、コンテナー、仮想マシンなどのアプリケーションホスティングオプションについて説明する

→Azure仮想ネットワーク、Azure仮想サブネット、ピアリング、Azure DNS、Azure VPN Gateway、ExpressRouteの目的など、仮想ネットワークについて説明する

→パブリックおよびプライベート エンドポイントを定義する

・Azureストレージ サービスについて説明する

→Azure Storageサービスを比較する

→ストレージ層について説明する

→冗長性オプションについて説明する

→ストレージアカウントのオプションとストレージの種類について説明する

→AzCopy、Azure Storage Explorer、Azure File Syncなど、ファイルを移動するオプションを識別する

→Azure MigrateやAzure Data Boxなどの移行オプションについて説明する

・AzureのID、アクセス、セキュリティについて説明する

→Microsoft Entra IDやMicrosoft Entra Domain Servicesなど、Azureのディレクトリサービスについて説明する

→シングル サイン オン(SSO)、多要素認証(MFA)、パスワードレスなど、Azureでの認証方法について説明する

→企業間(B2B)や企業-消費者間(B2C)を含むAzureの外部IDについて説明する

→Microsoft Entra IDでの条件付きアクセスについて説明する

→Azureロールベースのアクセス制御(RBAC)について説明する

→ゼロトラストの概念について説明する

→多層防御モデルの目的を説明する

→Microsoft Defender for Cloudの目的について説明する

Azureの管理とガバナンスについて説明する（30–35%）

・**Azureでのコスト管理について説明する**

　→Azureのコストに影響する可能性がある要因について説明する

　→料金計算ツールおよび総保有コスト（TCO）計算ツールを比較する

　→Azureのコスト管理機能について説明する

　→タグの目的について説明する

・**Azureのガバナンスとコンプライアンス機能およびツールについて説明する**

　→Azureでの Microsoft Purviewの目的について説明する

　→Azure Policyの目的について説明する

　→リソースロックの目的について説明する

・**Azureリソースを管理およびデプロイするための機能とツールについて説明する**

　→Azure portalについて説明する

　→Azureコマンドラインインターフェイス（CLI）やAzure PowerShellなどのAzure Cloud Shellについて説明する

　→Azure Arcの目的について説明する

　→コードとしてのインフラストラクチャ（IaC）について説明する

　→Azure Resource Manager（ARM）と ARMテンプレートについて説明する

・**Azureの監視ツールについて説明する**

　→Azure Advisorの目的について説明する

　→Azure Service Healthについて説明する

　→Log Analytics、Azure Monitor アラート、Application Insightsなど、Azure Monitorについて説明する

(3) 申し込み方法

　試験の申し込みは、マイクロソフト社のWebサイトより申し込みが可能です。また、実際の試験は、会場での試験、オンラインでの試験を選択可能です。会場で受ける場合は、Pearson VUEなどの試験を運営する企業の会場で試験を受験可能です。詳細は下記のWebサイトで確認してください。また、試験の受験までのプロセスは受験時期によって方法が変わる可能性もあるため最新情報はMicrosoftのサイトでご確認ください。

●認定プロセスの概要

https://learn.microsoft.com/ja-jp/credentials/certifications/certification-process-overview

---

Microsoft ｜ Learn　ドキュメント　トレーニング　資格証　Q&A　コード サンプル　評価　表示される内容

資格証明　資格証明の参照　認定資格の更新　FAQ とヘルプ

タイトルでフィルター	Learn /
資格証明の概要	**認定プロセスの概要**
〜 認定資格の取得	
認定プロセスの概要	[アーティクル] • 2023/09/23 • 2 人の共同作成者　　△ フィードバック
› 試験に関する便宜	**この記事の内容**
試験の登録とスケジュール設定	認定を取得する理由
試験の準備	Microsoft 認定資格の取得を始める
プラクティス評価	認定試験の準備
試験期間と試験エクスペリエンス	Microsoft認定試験に登録する。
試験スコアとスコアレポート	試験の結果と認定の取得
› 試験監督付きオンライン試験	成功を共有する
› Applied Skills の資格証明を取得する	認定資格の更新
› 認定資格を更新する	**少なく表示**
› Learn プロファイルで資格証明を管理する	

認定を取得する理由

Microsoft 認定資格を取得すると、世界的に認められた実社会のスキルを持っていることの証明になります。Microsoft 認定資格は、急速に変化するテクノロジに遅れずについていくことへの確約を示し、仕事上自分が狙っている役割においてスキル、効率、報酬が上がる可能性を高めるのに役立ちます。

- 技術プロフェッショナルの 35% が認定資格を取得することで収入が増え、26% が昇進したと言っています。[1] 関連するロールに基づく技術認定資格を取得した IT プロフェッショナルは、認定資格を取得していない同僚より、平均して 26% 優れたパフォーマンスを示します。[2]
- チームが認定資格を取得することをサポートおよび奨励しているチーム リーダーは、より高いパフォーマンスを発揮する労働力が得られることを期待できます。労働者は、認定資格を通して自分のスキルを高めることに投資

› トレーニングと資格証明に関するニュース
オフ。
› プログラム情報
› 資格証明のヘルプ
› 学習ガイド

PDF をダウンロード

■基本的な資格試験の取得流れ

① Microsoftアカウントを取得し、以下のサイトに接続後、試験を選択します。

　　https://learn.microsoft.com/ja-jp/credentials/

② 同サイトで受験したい試験を検索します。

③ 試験の概要を確認後、試験概要の指示に従い、試験をスケジュールします。

④ 初めて試験を受験する際はこの後で、認定プロファイルの作成し、試験を申し込みます。

(4) どこで受験するか

資格試験は試験提供会社（Pearson VUE）の会場で受験可能です。また、オンラインでの受験も可能となっています。オンラインで受験をする場合は事前にシステムの確認などが必要になるため、下記サイトにて事前確認後に受験が可能となります。

● Pearson VUEによるオンライン試験について
https://learn.microsoft.com/ja-jp/credentials/certifications
/online-exams

5　AZ-900試験の問題パターンと注意点

　AZ-900の資格試験は基礎力を問うことが中心となるため、技術要素に対してシンプルな解答を求める形の問題がほとんどです。また、Microsoft Azureに課する問題以外に第2章で取りあつかうクラウドコンピューティングの全般的な知識を問われる点に注意が必要です。

(1) 問題の形式

　主に択一形式の問題で、問題文に対して解答を選択します。選択肢の数は問題によりまちまちであるため4択の問題とは限りません。また、似たような質問が繰り返されるタイプの新しい問題形式も存在します。

　試験形式および質問タイプには、以下のようなものがあります。

- ・実際の画面
- ・最適解問題
- ・リストの作成
- ・事例
- ・ドラッグアンドドロップ
- ・ホットエリア
- ・複数の選択
- ・繰り返し答えられた選択
- ・短い答え
- ・ラボ
- ・マークレビュー
- ・レビュースクリーン

　くわしくは、以下のサイトを参考にすると、Microsoft認定資格の試験パターンが確認できます。

　ただし、AZ-900の資格試験ではAzureの基礎的な部分を確認し、初心者でもAzureを理解し説明できるレベルを想定しているため、ラボを用いた実際にAzure自体を操作する問題は出題されない可能性が高いと考えられます。

> ● **Microsoft認定試験の試験形式および質問のタイプ**
>
> https://learn.microsoft.com/ja-jp/credentials/support
> /exam-duration-exam-experience#question-types-on-exams

参考URL

[1]～[6]Microsoft社のサイトを参考にして抜粋。

[1] Microsoft Certified：Azure Fundamentals（AZ-900）

https://learn.microsoft.com/ja-jp/credentials/certifications/azure-fundamentals/

[2] Microsoft Certified：Security, Compliance, And Identity Fundamentals（SC-900）

https://learn.microsoft.com/ja-jp/credentials/certifications/security-compliance-and-identity-fundamentals/

[3] Microsoft Certified：Azure Data Fundamentals（DP-900）

https://learn.microsoft.com/ja-jp/credentials/certifications/azure-data-fundamentals/

[4] Microsoft Certified：Azure AI Fundamentals（AI-900）

https://learn.microsoft.com/ja-jp/credentials/certifications/azure-ai-fundamentals/

[5] Microsoft Certified：Azure Administrator Associate（AZ-104）

https://learn.microsoft.com/ja-jp/credentials/certifications/azure-administrator/

[6] Microsoft Certified：Azure Solutions Architect Expert（AZ-305）

https://learn.microsoft.com/ja-jp/credentials/certifications/azure-solutions-architect/

第2章

クラウドの概念

2-1 クラウドとは

この節では、近年急速に普及したクラウドとは何かを学習します。クラウドコンピューティングの基本をNIST（アメリカ国立標準技術研究所）の定義に基づいて確認をします。

1 クラウドコンピューティングの定義

　クラウド自体は決して新しいものではありません。難しく考えるのではなく「利用の仕方や考え方が変わった」と認識するとスムーズに理解できます。

　クラウドとは、ITシステムを構築する際のさまざまな資源を自社で保有するのではなく、クラウド事業者の設備を利用して必要なときに必要な分だけ利用するサービスの形態を指します。IT資産をレンタルすると考えるとわかりやすいかもしれません。また、クラウド事業者のことを「クラウドプロバイダー」と呼ぶ場合もあります。現在、Microsoft Azure以外にも多くのクラウドプロバイダーが存在します。

　NISTでは、クラウドについて、以下のような定義をしています。

> 「構成できるコンピューティング資源（ネットワーク、サーバー、ストレージ、アプリ、サービス等）の共有プールへオンデマンドなアクセスを可能にするモデルである。それらへ管理の手間は最小限であり、素早くプロビジョニングおよびリリースできる。また、このクラウドモデルには、5つの重要な特性と3つのサービスモデル、4つの実装モデルで構成されている。」
> **参考** https://csrc.nist.gov/publications/detail/sp/800-145/final

（1）クラウドの5つの特性

　NISTは、クラウドコンピューティングを定義するために、5つの特性を挙げています。これらの特性を持っているITサービスをクラウドとしています。

　ただし、実際のクラウドサービスにはこれらの特徴を持っていなくとも、NISTの基本的な定義にある通り、最小限の手間で素早くプロビジョニング・リ

リースできるものであれば、クラウドと呼ばれることが多いことも事実です。

■オンデマンド・セルフサービス（On-demand self-service）

いつでも、必要なときにクラウドを利用でき、利用者がクラウド事業者の提供するWebツールなどを利用して、自身で各種設定準備を行い、クラウド上にシステムを構築する特性です。利用者はクラウド事業者と直接やり取りをすることなく、Webツールなどを利用してクラウドシステムを利用可能となります。

■ネットワークアクセス（Broad network access）

インターネットを介して、利用者はクラウドを利用できます。標準的なネットワークアクセスさえ用意できれば、オンデマンド・セルフサービスと合わせて、利用者は手軽にITシステムを手に入れ、利用することが可能となります。

■リソースプール（Resource pooling）

クラウド事業者は、コンピューティングリソースをデータセンターなどに集積し、必要に応じて利用者に提供します。このコンピューティングリソースの集積をリソースプールと呼びます。リソースプールを持つことで、クラウド事業者は利用者に対して、要求に応じたコンピューティングリソースを提供しITシステムを利用可能とします。利用者は、場所の制約を受けずにこのリソースを利用できます。

また、基本的に利用者は、コンピューティングリソースの物理的な細かな場所の特定はできません。ただし、大手のクラウド事業者は利用者に対して国や地域といった物理的な場所を選んで利用できるようにしています。リソースの具体的な要素は、コンピューティング（CPU）、メモリ、ネットワーク、ストレージ等が挙げられます。

■伸縮性（Rapid elasticity）

この特性は、弾力性・俊敏性などさまざまな言葉で説明されます。リソースプールによって自由にリソースが提供されるため、利用者は必要なときにシステムを増強・縮小可能です。したがって、スピーディにシステムを増強してエンドユーザーの期待に応えることや、サービス利用率が低い場合はサービスを縮小させてコストを節約可能となります。また、新規事業では素早くシステムをデプロイし（利用可能な状態にし）、サービスをスタートさせることが可能となります。

■計測可能なサービス（Measured service）

各種サービスの利用の度合いが計測されることで、利用者はコストの予測や

現状の把握が可能となります。

(2) 4つの実装モデル

　クラウドサービスの物理的な配置や利用の方法は、4つの実装モデルに分類されています。また、クラウドサービスの登場によって、従来のコンピューティング資源の使い方を「オンプレミス環境」と呼ぶようになりました。オンプレミスとは、自社内にサーバーを設置して物理マシン上でさまざまなソリューションを構成することです。

　そのオンプレミスとクラウドを組み合わせることやオンプレミス環境にクラウド環境をつくるような考え方も存在します。

・パブリッククラウド
・プライベートクラウド
・ハイブリッドクラウド
・コミュティクラウド

　クラウドの実装モデルは「3 パブリック、プライベート、ハイブリッドなど、クラウドモデルの定義」の項で紹介します。

(3) 3つのサービスモデル

　クラウドサービスを提供する度合いに応じてクラウドに3つのサービスモデルが存在します。サービスモデルによって、システム運用の管理負荷・セキュリティ境界・カスタマイズなど、さまざまな違いがあります。

・SaaS（Software as a Service）
・PaaS（Platform as a Service）
・IaaS（Infrastructure as a Service）

　クラウドサービスは、「○○ as a Service」という形で表記されます。しかし、クラウドサービスとして多くの人に理解されるサービスモデルは上記の3つのみです。

　これ以外にも「BaaS」や「DaaS」と呼ばれるサービスモデルを見かけることもありますが、これらは、よりくわしくクラウドサービスの特徴を表すために作られた用語であり、SaaSやPaaSに含まれることがほとんどであるため、注意が必要です。3つのサービスタイプの紹介は2-3節の「クラウドサービスの種類」で紹介します。

2 ┃ 共同責任モデル

　サービスタイプに応じて、利用者とクラウド事業者で対応すべき責任の範囲が異なります。また、状況に応じていくつかの構成は双方で責任を共有することも必要となります。サービスタイプのくわしい学習は2-3節で学習するため、2-3節を学習後に再度この項を確認すると理解がさらに進みます。

(1) 責任の分担

　オンプレミス環境では、ITシステムのすべての要素を組織が管理するため、すべての責任がその組織にありました。しかし、クラウドの利用ではIT資産の一部をクラウド事業者が管理制御します。そのため、サービスタイプに応じて利用者が管理する部分と、クラウド事業者が管理する部分、共同で管理する部分に3区分に分けることが可能となります。その区分ごとに利用者とクラウド事業者で責任の範囲を明確にすることが大切です。

▼クラウドの責任範囲と責任分担

リソース	SaaS	PaaS	IaaS	オンプレミス
データ	利用者	利用者	利用者	利用者
アクセス端末	利用者	利用者	利用者	利用者
接続アカウント	利用者	利用者	利用者	利用者
認証基盤	共同	共同	利用者	利用者
アプリケーション	クラウド	共同	利用者	利用者
ネットワークアクセス・制御	クラウド	共同	利用者	利用者
OS	クラウド	クラウド	利用者	利用者
物理ホスト（仮想化ホスト）	クラウド	クラウド	クラウド	利用者
物理ネットワーク	クラウド	クラウド	クラウド	利用者
データセンター	クラウド	クラウド	クラウド	利用者

(2) 利用者のみが責任を負う範囲

　データ、アクセス端末、接続アカウントは常に利用者が管理責任を負います。特に接続アカウントはセキュリティ状況に合わせて適切な管理が求められます。

(3) クラウド事業者と利用者が双方で責任を負う範囲

　認証基盤、アプリケーション、ネットワークアクセス・制御、OSはサービスタイプにより責任の範囲が変わります。また、特に認証基盤やアプリケーションに関しては、共同で責任を負う必要があります。

(4) クラウド事業者のみが責任を負う範囲

　物理ホスト、物理ネットワーク、データセンターは、クラウド事業者が運営するため、クラウド事業者自体が責任を負います。

3　パブリック、プライベート、ハイブリッドなど、クラウドモデルの定義

　NISTの定義したクラウドの実装モデルは、クラウドサービスを提供する際の公開の度合いや、実際のデータセンターの置かれる場所などの違いから、4つの種類があります。実装モデルによって利用される用途やメリットが変わります。一般的にはパブリッククラウドが最も多く利用されているクラウドの実装モデルです。

(1) パブリッククラウド

　広く公開されて利用されるクラウドです。多くの事業者がサービスを提供しており、実際のITシステムは利用者によって共有されて利用します。多くの利用者に公開され、誰でも契約をすることで利用できるクラウドです。一般的にインターネットを介してアクセスを行い、クラウド事業者が提供するWeb管理ツールを介してクラウドを操作します。

(2) プライベートクラウド

　名前の通り組織独自のクラウドです。パブリッククラウドのようなITシステムのサービスを、自組織内にのみ展開する手法です。独自のデータセンターを持ち、データセンターにアクセスできる自組織内にクラウドサービスを提供します。

(3) ハイブリッドクラウド

パブリッククラウドとプライベートクラウドなどの異なる実装モデルを組み合わせて利用する実装モデルです。ハイブリッドクラウドは、他の実装モデルを組み合わせて利用します。一般的には、パブリッククラウドに公開情報やシステムのフロントエンドを置きます。セキュリティやパフォーマンスが重視されるシステムのみプライベートクラウドや自組織内に保管し、必要情報のみをパブリッククラウドと連携します。組み合わせてクラウドを利用するため、設計が複雑になりますが、それぞれの良い点をくみ取ることが可能です。

また、このモデルは自組織内を組み合わせて利用するという利用パターンも含まれる場合もあります。自組織に完全なプライベートクラウドがない場合も、規模の大きい社内システムとパブリッククラウドを組み合わせる場合にこの言葉使われることがあります。

(4) コミュティクラウド

同業種間で利用できる基幹業務などをクラウド化したシステムを提供するクラウドです。他の組織間で利用するため一部パブリックな部分がありますが、同一業種内に絞った開発をすることで特定の業種に特化したクラウドです。アプリケーションの開発コストなどを同一業種の多組織間で共有するため、安価に質の高いシステム構成ができる場合があり、競合関係になりにくい業種での利用が想定されています。　　　　　【例】建築・医療・公的サービスなど。

また、近年ではさまざまなクラウド事業者の登場やICTの利用環境の多様化から以下のような考え方も登場しています。

(5) マルチクラウド

ハイブリッドクラウドとは異なり、複数のパブリッククラウドを組み合わせて利用する方法も近年では増えています。このような利用方法をマルチクラウドと呼びます。マルチクラウドでは、異なるクラウド事業者のPaaSなどを組み合わせることで、コスト、機能、ディザスターリカバリーなどのメリットが最大化することが可能です。

(6) Microsoft Azure に関連したサービス

　さまざまなクラウド事業者やサービスの登場によってマルチクラウドを円滑に進めるための技術や、オンプレミス環境からクラウド環境への移行をサポートすることは、現状では重要となります。代表的な Azure に関連するツールやサービスを一部紹介します。

■ Azure Arc

　Azure Arc を利用するとマルチクラウド環境の管理を簡素化することが可能となります。また、オンプレミス環境やさまざまな場所にある ICT 資産を一元的に管理できるようになります。たとえば、オンプレミス環境にある仮想マシンと、Azure 上の仮想マシン・他のクラウド事業者上の仮想マシンなどを1つのユーザーインターフェースから管理制御することが可能となります。

▼ Azure Arc

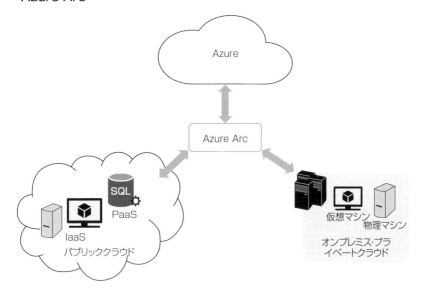

■ Azure VMware Solution

　すでにオンプレミス環境などにある VMware 環境を Azure と接続して利用ができるサービスです。たとえば、クラウドシフトするための足掛かりに利用することも可能です。クラウドへの移行、古い OS の継続利用、Azure サービスとの連携などさまざまな作業が可能となります。

4　それぞれのクラウドモデルに適したユースケース

　NISTの定義したクラウドの実装モデルと近年新しく利用されているさまざまな利用形態について確認をします。

（1）パブリッククラウドの利用イメージ

　図にある通り、インターネットを介してさまざまな利用者がクラウド事業者の提供するSaaS、PaaS、IaaSを利用します。クラウド事業者により提供するサービスタイプは異なりますが、パブリッククラウドでは、誰でも契約をすれば利用できます。

▼パブリッククラウド

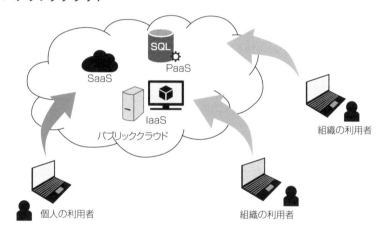

　利用者は個人・組織を問わないので、パブリッククラウドはさまざまな参加者がクラウド事業者のITシステムを共有して利用します。クラウドのコストメリットは、このシステムを共有していることが要因の1つであると考えられます。

（2）パブリッククラウドの物理的なリソースの共有

　パブリッククラウドは、クラウド事業者の用意したデータセンター内の物理的なリソースを複数の利用者で共有します。ただし、各利用者のデータは論理的に分離されるため、他の利用者のデータが見えてしまうようなトラブルは通

常は起こりません。こういった利用方法をマルチテナントと呼びます。

■マルチテナント

　パブリッククラウドは、マルチテナントでの利用がほとんどです。物理的なリソースは複数の利用者で共有されます。

■シングルテナント

　パブリッククラウドは、シングルテナントによる物理的なリソースを利用者が独占する利用法はあまり使われません。しかし、近年、セキュリティやパフォーマンスの定量化の観点から、シングルテナントに対応したクラウドも登場しています。Azureもいくつかのサービスは、一部をシングルテナントのように利用するサービスが提供されています。

(3) パブリッククラウドの考慮事項

　パブリッククラウドは、すでに紹介をしている通り、大きなコストメリットや広大なリソースプールを持つ事業者を利用することでビジネスにスピード感を持たせることが可能です。ただし、マルチテナントモデルであるため、セキュリティやパフォーマンスに関して特定の要件がある場合は、クラウド事業者の指針や法的ルールに従う必要があるため、自組織だけでは管理できない点を覚えておく必要があります。

(4) プライベートクラウドの利用イメージ

　自組織内にデータセンターを持ち、パブリッククラウドと同様にクラウドを管理するためのシステムを構築します。同一の組織に対してクラウドを提供することで、素早いITシステムの提供を行いながら、高いセキュリティを維持することが可能であり、自組織に合わせて改変することも可能です。

▼プライベートクラウド

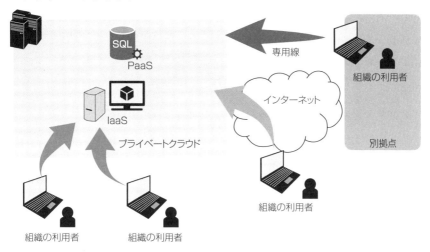

(5) プライベートクラウドの実装

　プライベートクラウドの実装には、仮想環境やそれを動的に配置、配分するパブリッククラウドで実現されている仕組みが不可欠です。こういった仕組みはオープンソースの仕組みや、パブリッククラウド各社がプライベートクラウドを作成するために仕組みを別途提供している場合などがあります。

(6) プライベートクラウドの考慮事項

　プライベートクラウドの実装の都合上、システム構築に大きなコストが発生します。そのため、クラウドのメリットであるコスト面で大きなデメリットが発生します。プライベートクラウド自体は、従来のオンプレミス環境を自組織内で利用するときの方法を変えただけなります。しかし、近年、セキュリティの実現のために、プライベートクラウドにも注目が集まっています。また、プライベートクラウドを提供するためのデータセンターを貸し出すような利用型のプライベートクラウドも登場しています。

(7) ハイブリッドクラウドの利用イメージ

　利用者は、システムへのアクセスはフロントエンドであるパブリッククラウドを利用して、インターネットなどさまざまな場所からシステム利用が可能となります。また、パブリッククラウドの利点を生かしてスピーディなスケーリングやシステムの改変などが柔軟に行えます。

　さらにプライベートクラウドを組み合わせることで、個人情報や研究情報などの機微な情報は自社内に置き、厳格に物理的な場所を含めて管理することが可能です。また、万が一のトラブル時には、パブリッククラウドとの接続を遮断することでプライベートクラウドを守ることも可能です。

▼ハイブリッドクラウド

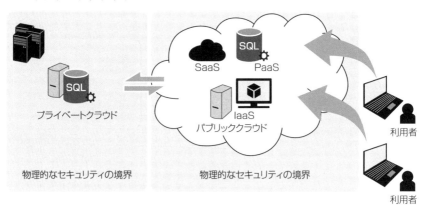

5 従量課金ベースモデル

クラウドの利用は、規模の経済の影響を強く受けます。クラウド事業者が大規模にデータセンターやサーバーの集積を行うことで利用者へのリソース提供コストを下げることが可能です。

(1) メガクラウド

Microsoft、Amazon、Google などの大手クラウド事業者は、規模の経済を活かして大規模なクラウドを展開することで利用者にコストメリットを与えています。結果として利用者が増えクラウド事業者自体の収益安定につながり、さらに利用者への還元が可能となります。また、大手クラウド事業者同士の競争によりサービス品質の向上も期待できます。

(2) CapEx と OpEx

組織が事業に対して行う投資項目のことです。財務諸表などに記載される項目ですが、クラウドを導入するにあたって IT システムに対する費用の考え方が変わるため、クラウドを利用する際はこの指標が必要になる場合があります。

■ Capital Expenditure (資本的支出・CapEx)

IT システムの設備投資と表現するとイメージがわきやすい項目です。従来のオンプレミス環境では、IT システムを購入し、自社に設置して利用をしていたため、システム自体が企業の資産として扱われていました。また、購入費用は減価償却の対象となり、購入後耐久年数分に分けて費用を計上する必要があります。したがって、オンプレミス環境では CapEx が上昇します。

■ Operational Expenditure (運営支出・OpEx)

IT システムを維持するために必要となる運営費・事業費を指します。クラウドを利用する場合は、システムを自前で持たないため、クラウドの利用費用として IT システムの費用が計上されます。結果としてオンプレミス環境に比べて CapEx が低下し、OpEx が上昇する形となり、固定費ではなく変動費として IT システムの費用が発生するようになります。

クラウドを利用が促進されると、IT システムの費用が CapEx から OpEx にシフトするようになるため、IT システムの費用が事業運営のリスクとなるケースが

減ります。

　従来のITシステムの場合、予測不可能な需要予測に基づいて購入したシステムを使い続けるリスクが常に存在します。しかし、クラウドを利用すると、必要な分だけのシステムを利用できるため、いつでもITシステムを手放すことが可能です。

　ただし、長期間にわたって安定稼働が見込めるシステムでは、従来の方法でシステムを構築する方が、コストメリットが出る場合もあることは考慮すべきです。

（3）消費モデル

　クラウドの利用は原則として従量課金のモデルが一般的です。利用した分だけの費用が発生するため、オンデマンド・セルフサービスで利用を開始した瞬間から、システムを停止もしくは削除するまで費用が発生します。利用した分の範囲については、利用するサービスやリソースによって異なるため、事業者ごとに確認する必要があります。

・初期費用はないか、少額
・利用した分だけの費用負担
・システムを停止しない限り費用負担は止まらない
・追加分も利用した分だけの費用

6 サーバーレス

Azureのサーバーレスコンピューティングを利用すると、Webアプリケーションの実行に仮想マシンを含む、実行環境をすべてマイクロソフトに任せることができます。組織は、アプリケーションの作成やシステムの仕組み作りに注力でき、プラットフォームや、インフラストラクチャを気にすることなく目的を実現できます。

サーバーレス環境の代表的なAzureの2つのサービスを紹介します。

(1) Azure Functions

Azure Functionsは、「関数」とも呼ばれるAzureのサービスです。登録したアプリケーションを、何らかのタイミングで実行することが可能です。アプリケーションが実行される環境は、実行時に自動的に作成され、アプリケーション処理が完了し、アプリケーションの応答が終わると、自動的に削除されます。利用者は、サーバーの存在や実行環境の構築を考える必要がなく、アプリケーションを起動するタイミングの設定とアプリケーション自体を登録するだけです。

・利用可能なプログラミング言語

C#、Java、JavaScript、PowerShell、Python、Typescript、その他（Go/Rust）

■利用時のポイント

Azure Functionsは、APIを登録してかんたんに公開ができるため、すでに完成済みのWebAPI[1]などを保持している組織が、既存の資産を活かすことが可能です。また、マイクロサービス[2]のような仕組み作りにも役立ちます。

[1] API (Application Programming Interface)：
特定の機能を持ち、他のアプリケーションから呼び出すことで、必要な情報の受け取りと処理後のデータや結果を渡すことのできるプログラムと、そのやり取りをするインターフェースを含めたもの。

[2] マイクロサービス：ITシステムを大きな1つのプログラムではなく、部品に分解してさまざまなAPIが連携して1つのシステムを構成するような仕組み。

(2) Azure Logic Apps

Azure Logic Appsは、すでに構成済みのAPIを組み合わせて、コードを書くことなくアプリケーションを作成、更改するAzureのサービスです。さまざまな

WebAPIが提供されているため、Microsoft 365のサービスなど、すでにあるサービスを組み合わせることでかんたんにビジネス要求に応じたアプリケーションを作成可能です。

　たとえば、特定のメールが届いた際に、自動的に応答するようなRPA[※3]のシステムを構成することなどもできます。

▼Azure Logic Apps

[※3]　RPA (Robotic Process Automation)：
　　　 人の代わりに、PC (ロボット) が人の作業を代わりに自動実行する仕組み。人手の作業うち単純な繰り返し作業や定型的な作業を自動化することや近年ではAIを用いることで判断も含めて処理を自動化することも可能となっている。

演習問題2-1

問題1.

➡解答　p.49

次の説明文に対して、はい・いいえで答えてください。

　クラウドの伸縮性（弾力性）の特徴は、クラウドを利用することで柔軟にITシステムのコストを配分できることです。たとえば、繁忙期にはCPUやメモリの割り当てを増やし、閑散期にはそれらを減らすことでコストを調整することが可能です。

　A. はい
　B. いいえ

問題2.

➡解答　p.49

　新しく社内のITシステムを導入予定です。オンプレミス環境への導入と費用を比較できるようにクラウド導入後の費用状況を監視しようと考えています。必要なクラウド特性はどれですか？

　A. 弾力性
　B. 計測可能なサービス
　C. リソースプール
　D. ネットワークアクセス
　E. オンデマンド・セルフサービス

問題3.

➡解答　p.49　

　社内向けの管理システムをクラウド化することになりました。Azure上に環境を構築し、管理システムをすべてクラウド化しました。コストを縮小するため夜間は仮想マシンを停止することにしました。夜間はクラウドの利用料はかかりますか？

A. はい
B. いいえ

問題4.

➡解答　p.50　

以下の項目にはい・いいえで答えてください。

クラウドを利用することでCapExが上昇し、支出の柔軟性が向上します。

A. はい
B. いいえ

問題5.

➡解答　p.50　

　Azure環境へ、社内のクライアントやサーバーを移行しようと考えています。Azureのポータルサイトから必要なサービスをかんたんにセットアップできました。また、クライアントの必要なデータはAzureのポータルからアップロードすることで対応できました。クラウドのどの特性を利用していますか？

A. 弾力性
B. 計測可能なサービス
C. リソースプール
D. ネットワークアクセス
E. オンデマンド・セルフサービス

問題6.

➡解答 p.50

パブリッククラウドの特徴として正しいものを選択してください。

A. 一般的には組織ごとに異なるデータセンターを利用する

B. 利用者が同一の組織に限定される

C. 一般的にはマルチテナントで提供される

D. 複数の実装モデルを組み合わせて利用する

問題7.

➡解答 p.50

プライベートクラウドの特徴として正しいものを選択してください(2つ選択)。

A. 一般的には組織ごとに異なるデータセンターを利用する

B. 利用者が同一の組織に限定される

C. 一般的にはマルチテナントで提供される

D. 複数の実装モデルを組み合わせて利用する

問題8.

➡解答 p.51

ハイブリッドクラウドクラウドの特徴として正しいものを選択してください。

A. 一般的には組織ごとに異なるデータセンターを利用する

B. 利用者が同一の組織に限定される

C. 一般的にはマルチテナントで提供される

D. 複数の実装モデルを組み合わせて利用する

問題9.　　　　　　　　　　　　→解答　p.51　

　すでに大規模なデータセンターを利用している組織があります。この組織が新たに追加するITリソースをできる限りコストを抑えた形で実装したいと考えています。経営陣はCapExが現状よりもできるだけ増加しない案を求めています。どの実装モデルを提案しますか？

　　A. ハイブリッドクラウド
　　B. プライベートクラウド
　　C. パブリッククラウド
　　D. どれでもない

問題10.　　　　　　　　　　　　→解答　p.51　

　パブリッククラウドを選択する際の理由として適切ものを選択してください。

　　A. セキュリティを自組織独自のものにしたい
　　B. 自組織のデータセンターを廃止したい
　　C. 自組織内の新しいデータセンター創設したい
　　D. OpExをできる限り圧縮したい

問題11.　　　　　　　　　　　　→解答　p.52　

　新しく個人向けのサービスを提供する予定の企業があります。セキュリティを重視しているため、お客様の情報を完全に自社でコントロールしたいと考えています。どの実装モデルが適切でしょうか？

　　A. パブリッククラウド
　　B. コミュティクラウド
　　C. プライベートクラウド
　　D. マルチクラウド

解答・解説

問題1.

→問題　p.45

解答　A

　クラウドは、リソースプールからITシステムのリソースを、オンデマンド・セルフサービスによって、自由に割り当て可能であり、必要なときに必要な分だけ利用できます。クラウドの特性の「伸縮性（弾力性）」は、こういった自由な割り当てにより、コストの柔軟性や時間・需要に応じたITリソースの割り当てを可能にします。

問題2.

→問題　p.45

解答　B

　計測可能なサービス（Measured service）の特性を利用することで、利用されたサービスの状況や利用率を確認可能です。クラウドは消費ベースでの従量課金となるため、利用状況を確認できることが大切な特性となります。

問題3.

→問題　p.46

解答　A

　消費モデルから、クラウドの利用料は利用分だけの費用が掛かります。仮想マシンとは仮想的なサーバーを指します。したがって、費用の対象となるのは、コンピューティング（CPU、メモリ）、ネットワークアクセス、ストレージとなります。仮想マシンを停止した場合は、ストレージ以外の利用料はなくなるため費用は掛かりません。しかし、ストレージは保存したデータの容量分が従量課金の対象となるため、費用が掛かります。

問題4.　　　　　　　　　　　　　　　　　➡問題　p.46

解答　　B

　クラウドを利用することでCapExが低下し、OpExが上昇するため、クラウド
を利用することで支出の柔軟性は上がります。CapExは低下します。

問題5.　　　　　　　　　　　　　　　　　➡問題　p.46

解答　　E

　オンデマンド・セルフサービスの特性を利用しています。Azureは、Webポー
タルなどの、クラウド事業者の提供するツールを使ってクラウドを操作します。
システムの構成や、データのアップロードなどはWebポータルを利用して構成
可能です。Azureでは、ポータル以外にもAzure PowerShellやAzure CLIによるコ
マンドラインでの操作も可能です。

問題6.　　　　　　　　　　　　　　　　　➡問題　p.47

解答　　C

　パブリッククラウドは、原則マルチテナントで提供されます。また、データ
センターも複数の企業でクラウド事業者のデータセンターを共有します。現在
は一部シングルテナントでの提供も存在します。

問題7.　　　　　　　　　　　　　　　　　➡問題　p.47

解答　　A、B

　プライベートクラウドは、利用者がグループ企業を含む同一の組織に限られ
ます。また、異なる組織間でデータセンターを共有することはないため、個別
のデータセンターを利用します。

問題8.

→問題 p.47

解答 D

　ハイブリッドクラウドは、4つの実装モデルの中で特殊な位置付けです。実装モデルを組み合わせて利用することで、それぞれのメリットを活かす実装モデルです。一般的には、プライベートクラウドとパブリッククラウドを組み合わせるパターンとなります。その場合、プライベートクラウドは、社内環境を指すこともあるため、社内あるサーバールームのシステムとパブリッククラウドを組み合わせるときもマクロソフト社の見解では、ハイブリッドクラウドと呼ぶことがあります。

問題9.

→問題 p.48

解答 A

　自組織のリソースを有効活用することと、追加のリソースのみクラウド化することで、無駄なコストをかけずにシステムの増強が可能となります。ハイブリッドクラウドを選択することで、オンプレミス環境とパブリッククラウドを組み合わせて利用します。パブリッククラウドの実装モデルだけを選択すると、オンプレミス環境の移行が発生するため余計なコストが発生する可能性があるため適切ではありません。

問題10.

→問題 p.48

解答 B

　パブリッククラウドを利用することで、PaaSやIaaSを組み合わせて自組織内のITシステムを可能な範囲でクラウド移行することが可能です。最終的にはすべてのシステムを移行することも可能です。OpExは運営費となるため、パブリッククラウドを利用すると、増加する可能性があります。セキュリティ面や新しいデータセンターを創設は、一般的にプライベートクラウドでの実現方法やメリットなります。

問題11.

➡問題　p.48

解答　　C

　セキュリティを重視する点と自社で情報を完全にコントロールするためには、プライベートクラウドを利用する必要があります。

　パブリッククラウドでは、データの保存場所を物理的に指定はできないため、データを保存・利用することはできますが、どこに保存するかまでは指定できません。そのため法令遵守のためにデータの場所を特定できるようにするなどの対処を実施したい場合は、プライベートクラウドでないと実現が難しくなります。

　ただし、ハイブリッドクラウドを利用すると、上記のような法令遵守のためのデータをプライベートクラウドに置きつつ、それ以外のシステムをパブリッククラウドに置くことで、パブリッククラウドの利点も活用することが可能となります。

2-2 クラウドサービスを使用する利点

クラウドを利用する際のメリットを確認します。また、デメリットを知ることでクラウドに適さない組織についても確認します。

1 クラウドでの高可用性とスケーラビリティの利点

クラウドを利用することで移り変わりの激しいビジネス要求に対応するITシステムを素早く構築することが可能となります。また、サービスの継続性を維持することや必要に応じた伸縮が可能です。

（1）高可用性とスケーラビリティ

Azureのような大規模なクラウドでは、広大なリソースプール、全世界にまたがるデータセンターの配置によりさまざまな対応が可能となります。

■高可用性

大規模なリソースプールにより、手軽に可用性[※1]を持たせることが可能となります。システムのダウンタイム[※2]を最小にしてビジネスへの影響を最小化できます。

※1　可用性：システムを利用できる度合いのこと。壊れにくさ・止まりにくさなどを表す。

※2　ダウンタイム：何らかのトラブルによりシステムが利用できない時間帯のこと。

■スケーラビリティ

Azureなどの大規模なクラウドでは、広大なリソースプールにより実質無限の拡張性を提供可能です。極端な例をあげると、全世界に点在するサーバーを数百台以上用意するといったことがかんたんに実現可能です。

（2）クラウドへの移行のポイント

クラウドコンピューティングでは、「規模の経済」により大規模なリソースプールを持つメガクラウドが存在します。また、大手のクラウド事業者は、さまざまなクラウドサービスを提供しているため、多様なビジネスニーズに応えるこ

とが可能です。

■オンプレミス環境では実現困難な高可用性とディザスターリカバリー

　企業の規模によらずにクラウドを利用することで、高可用性なシステム、ディザスターリカバリーを、メガクラウドの規模の経済効果により、非常に安価な費用でこれらが実現可能となります。

(3) クラウド利用に適さない例

　高可用性やスケーラビリティを高めることが容易ですが、利用するシステムによっては適さない場合もあります。

■高可用性・高運用の保証が必要

　Azureなどの大規模なクラウドは、通常の利用に耐え得る高い可用性や運用がなされています。しかし、これを超える非常に高い可用性・運用が求められる場合には、自由にハードウェアを選択できるオンプレミス環境などでの構築が必要になることがあります。また、保証に関しては、SLA (Service Level Agreement) と呼ばれるクラウド事業者が定めた内容に従う必要があるため、利用企業側が独自に決めることはできません。

■システムの変更・システム負荷の変動がほとんどない

　クラウドの特性である、伸縮性、リソースプールの恩恵を受けない場合、クラウドを利用するメリットが非常に低くなるため、利用するメリットが少なくなります。

2 クラウドの信頼性と予測可能性の利点

　クラウドは非常に便利で有用なITシステムの利用が可能となります。数か月で陳腐化してしまうようなシステムを新しいシステムに切り替えたり、次々にソフトウェアを更新するようなゲームを配信するシステムなどの継続的なシステム変更に、クラウドであればすぐに対応することが可能です。

(1) 信頼性

　Azureのような大規模なクラウドでは、広大なリソースプールを利用することで安価に高い信頼性を持たせることが可能です。信頼性は障害や災害から復旧して動作し続けるための能力を指します。

■フォールトトレランス

ネットワークの冗長化[※1]、システムの冗長化といった、システム利用に不可欠なリソースを冗長化することで、障害に耐性のある環境が提供されています。

※1 冗長化：対象のリソースを複数用意して二重・三重とすることで、1つが壊れた場合にもう一方に切り替えることで、リソース全体として動作し続けられるようにすること。

■ディザスターリカバリー

地理的に離れたデータセンターを利用することにより、災害対策を織り込むことも可能です。複数の離れた地域のデータセンターを利用してシステム構築し、必要な情報を複製することで、一方のデータセンターで問題があった場合は、自動的にほかのデータセンターに切り替えを行い、システムを利用し続けることが可能です。

(2) 予測可能性

クラウドコンピューティングを利用してシステムを構築すると、使用した分だけの利用料金でシステムが利用可能となります。また、コストやパフォーマンスを見通せることで安心してICT資産を利用した事業運営が可能となります。

■運用コストの圧縮

オンプレミス環境では、ハードウェアの運用コストやネットワークの日々の運用、OS、ミドルウェアのソフトウェアのセキュリティ更新など、さまざまな運用コストが発生します。しかし、クラウドコンピューティングを利用するとそのすべて、もしくは大部分をクラウド事業に任せることができるため、利用した分だけの支払いでシステムが利用できます。

■スケーリングによるコストとパフォーマンスの調整（弾力性・俊敏性）

ITシステムの利用は、日時・ユーザー数・処理内容などさまざまな要因でシステムにかかる負荷が変動します。

オンプレミス環境では最大の負荷に耐えられるようにシステムを構築すると、負荷が低い時間帯がある場合はかけたコストが無駄になります。逆に、平均的な負荷に耐えられるようにシステムを作ってしまうと高負荷時にシステムが利用できなくなる可能性があり、ビジネスに悪影響を及ぼします。

クラウドを利用すると、スピーディに必要なハードウェアを含めたリソースをリソースプールから割り当てることが可能です。高負荷時にはリソースを増強し、負荷が落ち着いたらリソースの割り当てを解除することで、コストを適

切に配分することが可能となります。結果として無駄なコストをかけずにITシステムの利用が可能となります。さらに、必要なパフォーマンスを維持することが可能です。

3 クラウドでのセキュリティとガバナンスの利点

　Azureを利用する際のガバナンスとセキュリティは、クラウド環境を安全かつ効率的に管理するための重要な要素です。Azureはクラウドリソースを効果的かつ安全に管理するためのガイドラインとツールを提供します。これにより、組織はクラウド環境を最大限に活用しながらリスクを管理することができます。

(1) ガバナンス

　Azure利用時に組織がリソースの使用方法を制御し、標準化するプロセスを導入可能です。これには、リソースの配置、コスト管理、アクセス権限の設定などが含まれます。たとえば、組織はポリシーや規則を定めて、特定の種類のサービスのみを使用することを許可したり、一定のコストを超えないように管理したりします。これにより、組織はクラウド環境を整理し、コストを最適化し、コンプライアンスを維持することができます。具体的な機能は第4章で紹介されているAzure Policyなどがあります。

(2) セキュリティ

　Azureのセキュリティは、データ、アプリケーション、ネットワークを保護するための対策です。これには、ファイアウォール、暗号化、IDとアクセス管理などが含まれます。組織は、不正アクセスからデータを守るために多要素認証を設定したり、データを安全に保管・転送するために暗号化を使用したりします。また、Azureは定期的なセキュリティ更新と監視を提供し、脅威に迅速に対応します。Azureのセキュリティについては、第3章で「3-4 AzureのID、アクセス、セキュリティ」で具体的な機能を紹介します。

(3) クラウド利用に適さない例

　セキュリティ面を高めやすい性質をクラウドが持っていることは事実ですがやはり、システムや企業の状況によっては適さない場合もあります。

■法的な理由でデータの保管場所に制約がある

　個人情報や機密情報などの保管に関しては、クラウドを利用する場合は情報を自社以外の他社へ預ける形になります。したがって、個人情報などの取り扱いについては十分に配慮する必要があります。特に法的な問題がある場合は、クラウドへの保存方法を工夫することや、保存自体をしないという判断も必要になります。

4 クラウドでの管理の容易さの利点

　クラウドを利用することで、オンプレミス環境の管理を含めたICT環境を包括的に管理することが可能となります。また、大規模なICTの管理は一般的に複雑になることが多いのですが、クラウドを利用することでそれを軽減することが可能です。

(1) クラウドの管理

　これは、Azureなどのクラウドサービスをどのように管理するかに関するものです。クラウド管理には、リソースの割り当て、監視、セキュリティ設定、コスト管理、パフォーマンスの最適化などが含まれます。具体的には、以下のような活動を指します。

・クラウド上で動くアプリケーションのリソース使用量を監視する
・セキュリティポリシーを設定する
・コストを抑えるために不要なリソースを停止する

　要約すると、クラウド管理は、Azure上で効率的かつ効果的にリソースを運用するために重要です。

(2) クラウドによる管理

　クラウド自体を管理する際には以下のようなツールやサービスが利用可能です。

・PowerShellによるコマンドでの管理
・Webポータルを利用した管理
・インターネットに公開されたWebAPIを利用した管理

　また、クラウド自体を使って他のシステムやサービスを管理することも可能

です。つまり、Azureのようなクラウドプラットフォームを利用して、オンプレミス（社内に設置されたサーバーなど）や他のクラウド環境にあるリソースを遠隔で管理します。たとえば、クラウドベースのツールを使用して社内のネットワークやサーバーの監視や複数のクラウドサービスにまたがるアプリケーションのデプロイメントを管理することが可能です。

演習問題2-2

問題1.　　　　　　　　　　　　➡解答　p.60　

　世界中にサービスを提供している企業がシステムをAzureに移行しようと考えています。特定の地域で災害があった際にも安定してクラウドを利用し続けるためにこの企業が重要視するクラウドの利点はどれですか？

A. ディザスターリカバリー
B. 弾力性
C. スケーラビリティ
D. ネットワークアクセス

問題2.　　　　　　　　　　　　➡解答　p.60　

　Azure上にシステムを移行予定です。データセンター内でトラブルがあった際にも、Azureを利用し続けるために、確認するべきクラウドの特性はどれですか？（2つ選択）

A. スケーラビリティ
B. フォールトトレランス
C. ネットワークアクセス
D. 高可用性

問題3.

➡解答　p.60　

2

　スタートアップした企業があります。この企業ではAIやビックデータを用いて商品の売れ行きを提供するサービスを開発しています。この企業が顧客に提供するサービス基盤の選定をしています。IT基盤としてクラウドを利用し、Azureの採用を決定しました。

　この企業の選択は、クラウドの利点を活用できるかどうかの観点で見た場合、適切でしょうか？

　A. はい
　B. いいえ

問題4.

➡解答　p.61　

　オンプレミス環境に100台のサーバーを持つ企業がクラウドへの移行を考えています。今後さらに数十台のサーバーを追加予定です。この企業が注目するべきクラウドの利点はどれですか？

　A. スケーラビリティ
　B. フォールトトレランス
　C. ネットワークアクセス
　D. 高可用性

問題5.

➡解答　p.61

　医療系のサービスを提供する組織が、ITシステム刷新のためにクラウドの利用を想定しています。現状の予定ではすべてのシステムをパブリッククラウドに移行しようと考えています。また、この組織の持つデータは個人情報や傷病情報等の機微な情報を含むため法的な観点も考慮する必要があります。

　現在の方針はクラウド利用をする上で適切でしょうか？

　A. はい
　B. いいえ

解答・解説

問題1.

➡問題　p.58

解答　A

　災害時などデータセンターが被害を受けた際に、そこから回復する能力のことをディザスターリカバリーと呼びます。弾力性、スケーラビリティは、どちらもリソースプールからくるクラウドの特性で、コストや柔軟性に影響します。ネットワークアクセスは、どこからでもインターネットを介してクラウドにアクセスできる特性です。

問題2.

➡問題　p.58

解答　B、D

　フォールトトレランスの具体的な例として、データセンター上で1つの物理的なデバイスが故障した場合でもシステムに影響しないように、2つ以上のデバイスで冗長化することで障害対策をしています。こういった構成がクラウドを提供しているデータセンターでは実施されています。また、高可用性を維持するために、サービスの冗長化をAzureでは、サービスのオプションや機能として提供しています。

問題3.

➡問題　p.59

解答　A

　新規事業であるため、クラウドを利用したスモールスタートが可能です。また、AIやビックデータに関連する多数のサービスを有するAzureを選択したこともメリットと考えることができます（Azureのサービスやセキュリティは第3章、第4章でくわしく紹介します）。

問題4. ➡問題 p.59

解答 A

　クラウドのスケーラビリティは、事業者の持つリソースプールの大きさに比例します。基本的にメガクラウドと呼ばれる大規模なクラウド事業者は、非常に大きなスケーラビリティを提供することができます。地域に根差した小規模なクラウド事業者の場合は、このスケーラビリティに関しては制限される可能性があります。

問題5. ➡問題 p.59

解答 B

　現状では、法的な観点からクラウドへの全面移行は難しいと考えられます。クラウド上のデータは、データセンター上のさまざま場所に保存される可能性があり、所在の特定ができない場合があります。また、メガクラウドを利用すると保存される国が異なる場合は、データセンターがある地域の法律が適用されるためその点も問題になります。

　しかし、こういった機微情報を取り扱う場合は、2-1節で紹介したハイブリッドクラウドを利用することで法的な問題をクリアできます。

2-3 クラウドサービスの種類

NISTが定義しているクラウドのサービスモデル (Services Models) を確認します。クラウド事業者がITシステムをどの程度提供するかの度合いに応じて3つの種類が存在します。

1 クラウドのサービスモデル

2-1節で紹介した通り、クラウドにはシステムの提供度合いによって3つのサービスモデルが存在します。このサービスモデルは利用者がクラウドを選ぶ上での観点としても重要な項目となります。モデルによって利用者にかかる運用負荷や、技術的なスキルの必要性が異なります。

(1) サービスモデル名

サービスモデルの名前は「○○ as a Service」と呼ばれ、利用者に提供するコンポーネント（もの）により3つの名前が定義されています。名称は省略される形でアルファベット1~2文字を先頭に次のように表記されます。

表記方法：「○aaS」もしくは「○○aaS」

・Software as a Service (SaaS)

ソフトウェアの機能をサービスとして提供します。
・Platform as a Service (PaaS)

プラットフォームをサービスとして提供します。
・Infrastructure as a Service (IaaS)

インフラストラクチャ（ハードウェア環境）の利用をサービスとして提供します。

それぞれのくわしい紹介は、次の項から述べていきます。

(2) さまざまなサービスモデル

サービスモデルの頭文字には、A〜Zまでの多くのアルファベットが利用され

ることがあります。しかし、NISTが定義したものは3つのみであり、それ以外のものは作られた用語であり注意が必要です。

たとえば、「BaaS」と呼ばれるサービスモデルは「Backup」と「Backend」の2つの意味で利用される場合があります。

> 【例】Azureでは、モバイルデバイス用のアプリケーションをサポートするクラウドを「Mobile Backend as a Services」(MBaaS)と呼んでいます。

多くの人の共通認識としては、基本の3つのサービスモデルを理解することが重要です。

2 サービスとしてのインフラストラクチャ (IaaS)

IaaSは、ハードウェア資源を仮想化し、貸し出すことでITシステムに必要な基盤を提供するサービスです。IaaSは基盤部分をクラウド事業者が提供するため、利用者はOS、ミドルウェアの選択と、アプリケーションやデータの用意と、それぞれの運用・保守・管理をすべて自前で行う必要があります。

(1) IaaSの利用イメージ

オンプレミス環境で最も時間がかかり、煩雑な作業であるハードウェアの管理が一切必要なくなるため、システム部門などの仕事を大幅に軽減します。その結果、組織のビジネスに直結した業務のITシステム化作業などに、システム部門の人員を集中できるようになります。

▼IaaS

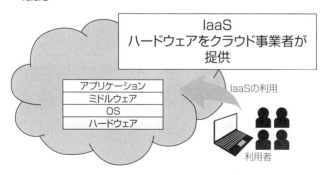

　ただし、IaaS はオンプレミス環境と比較すると、ハードウェアの管理作業が
なくなるのみで、通常の IT システムの運用に必要な運用・保守・管理は必須と
なります。したがって、専門性を持った専任の担当者が必須となります。

■サーバー（コンピューター）について

　仮想マシンと呼ばれる仮想的なハードウェアを利用してサーバーを構成しま
す。詳細は第3章以降に紹介しますが、OS の選択、ミドルウェア・アプリケー
ションのインストールなどを行い、通常のサーバーと同様に利用することが可
能です。

　一般的な管理作業は、リモート管理ツール（RDP や SSH）を利用してインター
ネットを介してリモートから各種サーバーを管理します。通常のデスクトップ
画面やコンソール画面が転送され、自身の PC などで確認できるため、目の前に
サーバーがあるかのように操作が可能です。

■ネットワークとストレージについて

　仮想マシンと同様に、ネットワークやストレージもすべて仮想的なリソース
が用意されます。クラウド上に仮想ネットワークを構成することや、データ保
存用の仮想ハードディスクなどを用意し、データの転送や保存が可能です。

（2）具体的な IaaS

　ここからは本書籍の主題である Azure 系のサービスを例として紹介します。各
サービスの詳細は第3章以降で紹介します。

■Azure Virtual Machines（仮想マシン）

　IaaS の代表サービスです。仮想的なサーバーを提供します。OS の選択と合わ
せてサイズ※を選択することでサーバーのスペックを決めることができます。高
い伸縮性によって大規模のサーバーから小規模なものまで幅広く準備をするこ
とが可能です。

※　サイズ：CPU 数、メモリサイズ、ネットワーク、ディスク数などさまざまな構成が選択可能。

■ディスクとストレージ、ネットワーク

　単体での利用ではなく、仮想マシンや PaaS サービスと組み合わせてネット
ワークやディスクが利用できます。

- ・Container Storage（BLOB）
- ・File Storage
- ・VPN Gateway
- ・Disk Storage
- ・Virtual Network
- ・Virtual Network peering

3 サービスとしてのプラットフォーム（PaaS）

PaaSは、アプリケーションを動作させるプラットフォームを提供するクラウドです。利用者は、アプリケーションやデータを準備して、クラウド上に展開することで、アプリケーションやミドルウェアを利用可能となります。SaaSと比較してアプリケーション部分を自由にカスタマイズできる利点とハードウェアを準備せずに素早くサービスを展開できる利点があり、近年注目度が向上しています。

（1）PaaSの利用イメージと利点

SaaSと異なり、利用者はアプリケーションやデータを自前で用意する必要があります。オンプレミス環境で利用していたアプリケーションを利用することも可能です。また、データベースやWebといった特定用途に向けたミドルウェアをクラウド利用する際にもPaaSを利用すると運用負荷を抑えながらITシステムを利用可能となります。

▼PaaS

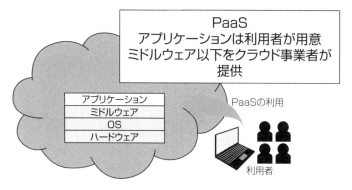

■アプリケーション実行環境としてのPaaS

クラウド上に企業独自のアプリケーションやデータを導入して、オンプレミス環境のサーバーをクラウドに移行することが可能となります。また、アプリケーション開発・販売を行う組織が、アプリケーションをPaaS上に展開し、他の組織にそのアプリケーションを販売する方式も存在します。近年のスマートフォンアプリなどは、この形での提供が非常に多くなっています。

■アプリケーション開発環境としてのPaaS

上記アプリケーション実行環境としてPaaSが利用されるため、開発環境を
PaaS上に用意することで、シームレスにアプリケーションの公開・更改が可能
となり、開発サイクルを高速・高密度にすることが可能です。

■機能強化としてのPaaS

現在PaaSにはさまざまな製品が登場しており、既存サービスの機能強化に使
うことも可能です。認証、AI、ビックデータ、分析など、数多くのPaaSが存在
します。

(2) 具体的なPaaS

ここからは、本書籍の主題であるAzure系のサービスを例として紹介します。
各サービスの詳細は第3章以降で紹介します。

■ App Service

WebサーバーのPaaSです。かんたんにWebサイトやアプリケーションが公開
できます。

■ Azure SQL Database

データベースサーバーのPaaSです。データを用意すればかんたんにリレー
ショナルデータベースを公開可能です。他のPaaSやIaaSと組み合わせて利用し
ます。

■ Azure AI

AI機能を提供するPaaSです。データや学習モデルの開発・運用が可能です。
目的に応じて以下のようなサービスが存在します。

・Azure Cognitive Services　　　　　・Azure Machine Learning

■ サーバーレス

サーバー環境を持たずに、アプリケーションを公開するだけで、すぐにWeb
システムなどが構成可能です。目的・規模に応じて以下のようなサービスが存
在します。

・Azure Functions　　　　　　　　・Azure Kubernetes Service
・(App Service)

4　サービスとしてのソフトウェア（SaaS）

　SaaSは、ソフトウェアの機能を提供するクラウドです。利用者はSaaSを利用することで、アプリケーションの機能のみをクラウド事業者からレンタルします。ハードウェアやOSといったITシステムを動作させるために必要な「基盤（インフラストラクチャ）」を一切手元に持つことなく、必要なソリューションが展開できるため自社のビジネスだけに集中できます。

（1）SaaSの利用イメージ

　SaaSは、ハードウェア資源を含めたすべてのITシステムリソースをクラウド事業者が提供します。利用者は、インターネットに接続可能なクライアントコンピューターを用意するだけですぐに必要アプリケーションを利用できます。

▼SaaS

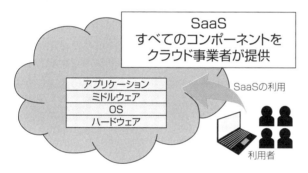

（2）具体的なSaaS

　Microsoft 365（Office 365）、Salesforce、Google Workspaceなどが存在します。契約をするだけで、インターネットを通してメール、オンライン会議、CRM系のアプリケーションを利用して業務を効率化可能です。

5　それぞれのクラウドサービス（IaaS、PaaS、SaaS）に適したユースケース

　組織のニーズ、状態に応じて、サービスモデルを選択します。オンプレミス環境と比較してクラウドを選択する場合は、サービスモデルを組み合わせて利用することでコスト、柔軟性、スケーラビリティなどを調整することが可能となります。

（1）IaaS選択のポイント

　IaaSは最も柔軟性の高いクラウドソリューションです。好きな環境をすべて準備できるため、社内のシステムを丸ごとクラウド化することも可能となります。Azureのようなメガクラウドを利用すると、豊富なリソースプールを利用して小規模〜大規模のシステムを容易に組み上げることが可能です。しかし、運用負荷に関しては、オンプレミス環境と同等の作業が必要となるため、十分な検証と準備が必要となります。

　一般的に社内システムをクラウドに置き換える場合は、SaaS⇒PaaS⇒IaaSの順番に検討を進めます。安易にIaaSを選択すると、移行の費用と日々の運用費、さらにクラウドの利用料という形でコスト負担が大きくなる可能性も考えられます。十分な検討を行った後に利用することが大切です。

■OSとミドルウェアについて

　Azureでは、IaaSの仮想マシンを利用するときは、OSを選択します。自分で好きなOSをインストールするのではなく、あらかじめ用意されたイメージ（ひな形のようなもの）を使いOSを準備します。詳細は第3章で紹介します。ミドルウェアも上記と同様の利用法が可能ですが、OSのみのイメージを用意して自身で好きなミドルウェアをインストールすることも可能です。

（2）PaaS選択のポイント

　SaaSと比較すると、ミドルウェアやOSの初期設定作業やアプリケーションの管理が必要となるため、専任の管理者が必要となります。クラウド事業者の管理ツールを利用することで、運用管理の負荷を軽減することは可能です。

　また、アプリケーションに関しては、利用者側に管理責任があるため、セキュリティ更新などは独自に対応する必要があります。

■OSとミドルウェアについて

　基本的なセキュリティ、バージョンアップ作業などは、すべてクラウド事業者が提供します。ただし、初期設定（基本的な構成情報など）は、自分でセットアップが必要な場合もあります。また、アプリケーションの構成変更に伴って、基本的な構成情報を更新する必要などがあります。

■アプリケーション、データについて

　すべて利用者側で管理が必要です。特に、セキュリティ更新などの重要な作業は、運用を設計し日々の管理が必要となるため、専任の管理者がいることで安定した運用が可能となります。SaaSと比較すると、この部分はオンプレミス環境と同様の管理が必要となるため、PaaS利用時の注意点となります。

（3）SaaS選択のポイント

　組織に専任のIT担当者がいない、置くことができない場合は、SaaSの選択を考えます。また、SaaSはコストメリットが出しやすく、非常に多くのクラウドサービスが展開されています。

　しかし、ソフトウェアを含めたすべての項目をクラウド事業者が提供するため、カスタマイズ性に欠ける可能性あります。

　たとえば、基幹系の業務に利用したいSaaSを選択する場合は、自社の業務フローにあったSaaSを選定し、細部の動きなどが現状の業務フローに合わない場合は、業務フローをSaaSの仕組みに合わせるなど柔軟な対応が利用者側に求められます。SaaS側を変更する場合は、別途コストが発生することがほとんどです。

演習問題2-3

問題1.
→解答　p.74　

以下のシナリオ読み、対応策が妥当かを答えてください。

　社内に多くのサーバーを抱える組織がAzureへの移行を考えています。この組織ではWebシステムを利用しており、自社オリジナルのアプリケーションをホストしています。

対応策：App Serviceを利用してシステムを移行する。

　A. はい
　B. いいえ

問題2.
→解答　p.74

SaaSで利用者が構成する項目を選択してください。

　A. OSのIPアドレスの変更
　B. メールシステムの高可用性の構成変更
　C. メールシステムのミドルウェアの変更
　D. メールアドレスのドメイン名の変更

問題3.
→解答　p.74

App Serviceを利用予定です。以下の項目に解答してください。

内容：OSの設定変更ができる。

　A. はい

B. いいえ

問題4.　　　　　　　　　　➡解答　p.74　

App Serviceを利用予定です。以下の項目に解答してください。

内容：利用中に自動的にOSが更新される。

A. はい
B. いいえ

問題5.　　　　　　　　　　➡解答　p.74　

App Serviceを利用予定です。以下の項目に解答してください。

内容：Webアプリケーションは自動的に更新される。

A. はい
B. いいえ

問題6.　　　　　　　　　　➡解答　p.75　

スタートアップの組織が、メールなどの機能を利用したいと考えています。適切なクラウドのサービスタイプはどれですか？

A. PaaS
B. IaaS
C. SaaS
D. MBaaS

問題7.

➡解答　p.75

以下の説明文に対して、はい・いいえで答えてください。

　ある組織では、サーバールームにある基幹アプリケーションをAzureに移行予定です。計画済みの移行プランでは、仮想マシンを利用して基幹アプリケーションを移行するつもりです。移行チームはSaaSを利用しようと考えています。移行チームの計画は適切ですか？

　　A. はい
　　B. いいえ

問題8.

➡解答　p.75

以下の内容を読んだ上でアンダーラインの部分が適切かどうかを確認し、不適切な場合は修正項目を選んでください。

　1000台のサーバーを保有する組織がクラウドへの移行を考えています。サーバーの保守作業を軽減しつつ、アプリケーションなどのカスタマイズが可能な環境を利用するためIaaSの採用を考えています。理由は、OSの<u>セキュリティ更新の必要がなく手軽である</u>と考えているためです。

　　A. ミドルウェアのセキュリティ更新が不要で手軽であると
　　B. OSの管理・構成変更も可能であると
　　C. アプリケーションの管理も不要であると
　　D. 適切なので変更の必要なし

問題9. →解答 p.75

IaaSの特徴で間違っているもの選択してください。

A. アプリケーションの更新作業などは利用者が行う
B. OSの更新作業は利用者が行う
C. 仮想マシンにアクセスする端末のセキュリティ更新は利用者が行う
D. 仮想化ホストの管理は利用者が行う

問題10. →解答 p.76

アプリケーションを開発している組織があります。新しくWebアプリケーションを開発します。機能拡張やコスト面からクラウドの利用を考えています。どのサービスタイプが適切ですか？

A. PaaS
B. IaaS
C. IDaaS
D. SaaS

解答・解説

問題1.

➡問題　p.70

解答　A

App Services は PaaS に該当するため、組織がオリジナルのアプリケーションを配置して利用することができます。

問題2.

➡問題　p.70

解答　D

SaaS であるため、利用者が変更できる構成は非常に少ないです。一般的には独自のメールアドレスを利用できるようにするために、メールアドレスのドメイン名の変更は可能です。しかし、OS、ミドルウェアに関する変更や、ハードウェアに関連する高可用性の設定は、変更できない場合が大半です。

問題3.

➡問題　p.70

解答　B

App Service は PaaS であるため、OS は設定変更不可です。

問題4.

➡問題　p.71

解答　A

App Service は PaaS であるため、OS を含めたミドルウェアである IIS※などもあわせて更新が行われます。

※　IIS（インターネットインフォメーションサービス）：Windows Server に標準搭載される Web サーバーのミドルウェア

問題5.

➡問題　p.71

解答　B

Web アプリケーションは、PaaS の場合は利用者自身で管理が必要になるため、

セキュリティ更新などの更新作業は利用者が行います。アプリケーションの更新が不要なサービスタイプはSaaSです。

問題6.

➡問題　p.71

解答　　C

　PaaSやIaaSは、スタートアップ企業の場合、専任のエンジニアが配置できないため、利用が難しい場合が多いです。さらにメールのような汎用的なITシステムはカスタマイズの必要性が低いため、SaaSでの利用が一般的です。

問題7.

➡問題　p.72

解答　　B

　SaaSは、アプリケーションを含めたすべてのITインフラストラクチャをクラウド事業者が提供します。したがって、自組織で、すでに利用中のアプリケーションを利用できません。IaaSであれば、自由度が最も高いため、このソリューションに適切です。PaaSも、基幹アプリケーションの実行環境が対応していれば、移行が可能です。

問題8.

➡問題　p.72

解答　　B

　IaaSであるため、OS部分の管理も可能です。そのため、OSセキュリティ更新は管理作業として必須です。OSの管理が不要なサービスタイプは、SaaSとPaaSとなります。SaaSはアプリケーションまですべてクラウド事業者が管理します。PaaSはOSもしくはミドルウェアまでをクラウド事業者が管理します。

問題9.

➡問題　p.73

解答　　D

　IaaS環境では、物理ホストよりも上位階層のITコンポーネントはすべて利用者が管理する必要があります。また、仮想マシンなどをリモートから管理する

ためのアクセス端末や、IaaS環境上で動くアプリケーションにアクセスするクライアント端末も、利用者が管理する必要があります。しかし、物理ホストや仮想化用の仕組みは、クラウド事業者が責任をもって管理する必要があります。

問題 10.　　　　　　　　　　　　　　　　　　　　➡問題　p.73

解答　　A

　アプリケーションの開発環境に適したサービスタイプはPaaSとなります。PaaSを利用することでアプリケーションの作成から公開までをすべてクラウドで完結させることができます。

　また、機能拡張についてもクラウド事業者が提供している認証、AI、データベースといったさまざまなPaaSと連携することで、すぐに新しい機能を追加することが可能です。

　IaaSでもアプリケーションの開発は可能ですが、OSの管理が必要となるためアプリケーションの開発だけに集中することができません。通常のOSの運用も必要となるためPaaSの選択がより適切だと考えられます。

　SaaSはアプリケーションの開発ではなく、アプリケーションを利用するクラウドです。IDaaSは、認証基盤を提供するクラウドです。サービスタイプの一種ではなく、クラウドを売る際のセールス用の用語となります。

第3章

Azureアーキテクチャと
サービス

3-1 Azureのコアアーキテクチャコンポーネント

Azureのアーキテクチャについて学習します。また、Azureを構成する要素や基本となる用語について理解を深めます。

1 Azureリージョン、リージョンペア、ソブリンリージョン

リージョンとは、Azureのデータセンターを1つ以上含む高速なネットワークで接続された一連のデータセンターを指します。

(1) リージョン

Azureで行う作業のほとんどはリージョンの選択を必要とします。ITリソースをAzure上に構成するときに、最終的にはどこかのデータセンター上にリソースが作成されるため、リージョンを指定して作成する必要があります。

リージョン利用時の注意点を以下にまとめます。

・サービス利用時にはリージョンの選択する
・リージョンにより使えるサービスやサービスのオプションが異なる
・一部のサービスはリージョンに依存しません（Azure DNSなど）

(2) ソブリンリージョン（特殊なリージョン）

通常のリージョンは、マイクロソフト社と契約することで誰でも利用することが可能です。しかし、一部のリージョンは利用者が限定される場合や、データの管理方法が特殊な場合が存在します。

■米国政府向けAzure（Azure Government）

アメリカ政府向けのリージョンです。アメリカ政府とその関係組織のみが利用可能です。米国の連邦政府機関、州政府機関、地方政府機関、国防総省、国家安全保障向けに提供される特別なリージョンで、これらの機関とそのパートナーだけが契約可能です。Azure Governmentのリージョンには、政府機関用のリージョンと国防総省用のリージョンがあり、それぞれ独立したデータセンターが建てられ、運用されています。

> **詳細**
>
> https://azure.microsoft.com/ja-jp/explore/global-infrastructure
> /government/

■Azure China

Azure Chinaは中国国内向けに提供されるリージョンで、そのほかのリージョンから独立したリージョンとして、独立したデータセンターで運用されています。また、データセンターの運用はマイクロソフト自身が行うのではなく、21Vianetによって行われている特徴があります。

> **詳細**
>
> https://learn.microsoft.com/ja-jp/azure/china/overview-datacenter
> ※2024/1/13現在英語版のページが表示されます

■Azure Germany

ドイツのデータプライバシー規則に不可欠である世界クラスのセキュリティとコンプライアンスサービスを使用したリージョンです。Microsoft Azureの物理的に独立したインスタンスで構成されます。

なお、Azure Germanyは2018年8月以降、新規契約することができなくなっています。

> **詳細**
>
> https://learn.microsoft.com/ja-jp/azure/germany/

(3) リージョンペア

Azureの高可用性を維持するための手法として、各リージョンがペアとして構成されています。ペアになったリージョンは待機時間の短いネットワークで接続され、さまざまなサービスの可用性向上に利用されます。基本的には同一のAzure地域のリージョンがペアになります。したがって、ペアとなるリージョンは、利用者が選択できるものではありません。また、Azureのサービスはペアでないリージョン間でも高可用性の設定ができるサービスもあります。

以下にリージョンペアの一部を抜粋して紹介します。

▼リージョンペア

リージョンペアA	リージョンペアB
東日本	西日本
東アジア	東南アジア
米国東部	米国西部
米国東部2	米国中部
英国西部	英国南部

> | 詳細 | **Azureのリージョン間レプリケーション**
> https://learn.microsoft.com/ja-jp/azure/reliability
> /cross-region-replication-azure

2 可用性ゾーン

　Azureでシステムを停止させないための可用性のオプションは、いくつかの方法が用意されています。ここでは、可用性ゾーンについて学習をします。これらのオプションを利用することで仮想マシンなど、Azureリソースの稼働率を大きく向上することが可能です。

(1)可用性ゾーン

　Azureのさまざまなサービスの稼働率を向上させる手法に可用性ゾーンがあります。可用性ゾーンを利用することで、Azureデータセンター全体に及ぶ大規模なトラブルが発生した場合にも、サービスを止めることなく、稼働させ続けることが可能となります。可用性ゾーンを利用すると、同一リージョン内の物理的なゾーンをまたがってサービスが構成されることで、Azureデータセンター障害にも対応できるサービス構成が可能です。

▼可用性ゾーン

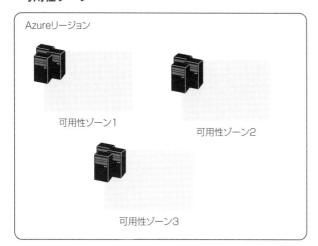

　可用性ゾーンに仮想マシンを配置することで稼働率に向上させることが可能です。したがって、1つのゾーンにトラブルが起こり、利用できない状態になった場合でも、レプリケーションされたデータを利用したリソースをすぐに利用可能となります。

補足 | **可用性ゾーンの範囲について**

　本稿では、可用性ゾーンを便宜的に1つのデータセンターと紹介しましたが現在のマイクロソフトの紹介は若干異なります。以下のように紹介しています。

・可用性ゾーンは、Azureリージョン内の一意の物理的な場所で、それぞれのゾーンは、独立した電源、冷却手段、ネットワークを備えた1つまたは複数のデータセンターで構成されている。

・回復性を確保するため、有効になっているリージョンには、いずれも最低3つの可用性ゾーンが別個に存在している。

・可用性ゾーンは1リージョン内で物理的に分離されているため、データセンターで障害が発生した場合でもアプリケーションとデータを保護できる。

詳細

https://learn.microsoft.com/ja-jp/azure/reliability
/availability-zones-overview

3 Azureデータセンター

Azureデータセンターは、全世界で運用されています。また、データセンターの運用されているリージョンはAzure地域に含まれます。Azure地域とは、独立したマーケットを意味します。たとえば、日本が1つの地域となっています。日本には東日本リージョンと西日本リージョンが含まれます。

(1) 全世界に広がるAzureのデータセンター

Azureのデータセンターは全世界に展開されており、200か所以上の物理的なデータセンターで構成されています。また、各リージョンに分類され大規模なネットワークで接続されています。

> **参考**　**Azureの地域**
> https://azure.microsoft.com/ja-jp/explore/global-infrastructure
> /geographies/#overview

4 リソースグループ

Azureで利用するさまざまなサービスは、すべてリソースとして取り扱われます。そのリソースを管理・整理するためにグループ化することができるものをリソースグループと呼びます。

(1) リソースグループの作成

リソースグループの作成は、以下のツールから作成可能です。

・Azure Portal
・Azure PowerShell
・Azure CLI
・Azure Template や SDK

また、リソースグループの作成は、各リソースを作成するときに同時に作ることも可能です。

▼リソースグループの作成

リソースグループ作成時には、以下の3項目を必ず入力します。
・サブスクリプション名
・リソースグループ名
・リージョン名

(2) リソースグループの考慮事項

　リソースグループの作成はかんたんに行うことができます。しかし、グループの作成は、目的や役割に応じて作成をしないと不要なグループが大量にできてしまうため、注意が必要です。基本的には、リソースグループは同一のライフサイクルで運用するリソースを含めることが望ましい形です。

　また、リソースグループを削除すると、リソースグループに含まれるすべてのリソースが削除されるため、十分に注意が必要です。

　リソースグループの作成は、以下の観点で作成が可能です。
・管理のための論理的なグループ
・同一のライフサイクル
・リソース使用量の計測
・アクセス制御
・ポリシーの割り当ての範囲 (Azure Policy)

■**その他の考慮事項**

・リソースは1つのリソースグループにのみ所属する。

・リソースの所属するリソースグループを変更することは可能。

・リソースグループに含まれるリソースは、異なるリージョンに所属することができる。

(3) リソースグループのロック (リソースのロック)

　リソースグループの削除は影響が大きいため、ロックの機能を利用すると安全に Azure が利用できます。Azure の各リソースはロックの機能を利用することでユーザーの誤操作による削除や変更を防止できます。アクセス許可がある場合でもロックを利用することで削除や変更を制限することが可能です。

(4) リソースグループの移動 (リソースの移動)

　リソースグループに所属するリソースを移動することは可能です。また、異なるサブスクリプションにあるリソースグループに移動することも可能です。ただし、移動をする際にはリソースの関連するリソースも同時に移動する必要があるため、リソースごとの依存関係を事前に確認することが重要です。また、一部のリソースは移動に対応していません。

> 詳細
>
> ・**Azure リソースを新しいリソースグループまたはサブスクリプションに移動する。**
>
> https://learn.microsoft.com/ja-jp/azure/azure-resource-manager
> /management/move-resource-group-and-subscription
> ・**リソースの操作のサポートの移動**
>
> https://learn.microsoft.com/ja-jp/azure/azure-resource-manager
> /management/move-support-resources

5 サブスクリプション

Azureの利用に必要となる要素にサブスクリプションがあります。また、サブスクリプションはAzure利用時の論理的な境界としても機能します。基本的にサブスクリプションは契約との単位として利用され、リソースの利用量やアクセス制御の分離に利用することができます。

(1) Azure利用時のアカウント

サブスクリプションは、1つのMicrosoft Entra ID[※]にリンクされます。Microsoft Entra ID上のユーザーアカウントを利用してAzureにサインインが可能です。

Microsoftアカウントでも Azureを利用することは可能ですが、その場合はサブスクリプション購入時に作成されたMicrosoft Entra ID上にMicrosoftアカウント関連付いたMicrosoft Entra IDユーザーが作成されます。

▼サブスクリプション

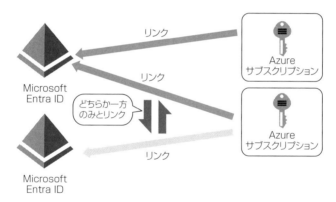

※ Microsoft Entra IDはAzureにサインインするためのアカウントが保存されている領域です。詳細は、「3-4 AzureのID、アクセス、セキュリティ」で紹介します。

(2) 複数のサブスクリプション

サブスクリプションごとに課金とセキュリティが分離されます。したがって、組織内で請求を分けたい場合は、サブスクリプションを複数持つことでサブスクリプションごとに請求を分けることが可能です。また、部門やグループ別にアクセス制限などを完全に分離したい場合もサブスクリプションを分けること

で実現が可能です。

(3) 有償・無償のサブスクリプション

　サブスクリプションには有料・無料のプランがあります。無料のサブスクリプションは、一定期間 Azure を無料で利用できます。

詳細
https://azure.microsoft.com/ja-jp/free/

　無料のプランは、無料期間終了後に有料プランに切り替えることで引き続き Azure を利用することが可能です。無料プランで利用していた Azure リソースをそのまま引き継ぐことが可能です。

6　管理グループ

　サブスクリプションをまとめてグループ化し、ポリシー設定などを一元化したい場合は、管理グループを利用することが可能です。管理グループを利用することでサブスクリプションのグループ化が可能となります。

(1) 単一の組織でサブスクリプションの複数利用

　サブスクリプションを複数保持する組織では、多くの場合、コンプライアンス、ポリシー、アクセスなどを一元的に管理することが必要とされます。管理グループを利用することで、サブスクリプションをグループ化し、一元的な管理を提供することが可能です。

(2) 管理グループ利用時の考慮事項

　管理グループの利用時には、利用するすべてのサブスクリプションが同一の Microsoft Entra ID（ディレクトリ）を利用している必要があります。また、以下に注意点を列挙します。

・管理グループの最大数は 10,000 個（1万個/1ディレクトリ）
・管理グループの階層は最大6階層まで

・1つの管理グループは1つの管理グループにのみ所属可能
　※管理グループの持つ親は1つのみ
・1つの管理グループに含まれる管理グループは複数所属可能
　※管理グループの子は複数可能

7 リソースグループ、サブスクリプション、管理グループの階層

3

　管理グループ、サブスクリプション、リソースグループは、階層構造をとります。管理グループに設定したアクセス許可は、管理グループに所属するサブスクリプションに継承されます。さらに、サブスクリプションに所属するリソースグループへと継承されます。

(1) 管理グループの階層構造

　管理グループを利用するときには、自動的にルート管理グループが作成され、すべての管理グループは、ルート管理グループにネストされた形で作成されます。以下のような形で管理グループを構成可能です。

▼管理グループ、サブスクリプション、リソースグループの階層例

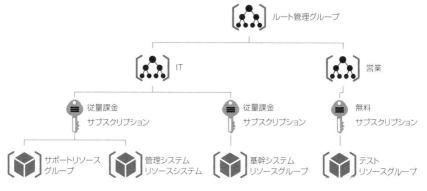

　各管理グループにコンプライアンスやポリシーなどの設定が可能です。また、ユーザーに対して、複数のサブスクリプションへのアクセス許可を与えたい場合は、管理グループに必要なAzureへのアクセス許可を与えることで、管理グループに含まれるすべてのサブスクリプションへのアクセス許可を、ユーザーに与えることが可能です。さらに、各サブスクリプションに含まれるリソースグループへのアクセス権を設定することも可能です。

演習問題 3-1

問題1.　　　　　　　　　　　　　　　　➡解答　p.90　

次の説明文に対して、はい・いいえで答えてください。

　複数のサブスクリプションを所持している組織があります。同じユーザーが管理するリソースがあり、リソースグループでまとめて管理をしようと考えています。異なるサブスクリプションに存在するリソースを1つのリソースグループにまとめることで管理をしようと考えています。可能でしょうか？

　A. はい
　B. いいえ

問題2.　　　　　　　　　　　　　　　　➡解答　p.91　

　多くのリソースを含むサブスクリプションを利用する組織があります。現状でリソースの制限などに問題は発生していません。複数の管理者でリソースを管理しています。アクセス許可の観点からリソースを整理して管理しようとしています。すべてのリソースが管理できる管理者と個別のシステムを管理する管理者に分けて運用を行う予定です。
　一番手軽で適切な方法を選択してください。

　A. リソースグループを利用して、リソースを整理する
　B. サブスクリプションを追加して、リソースを整理する
　C. 管理グループを利用して、リソースを整理する
　D. リソースに個別にアクセス許可を設定する

問題3.

→解答　p.91　

　コンプライアンスの問題から、すべてのAzureの利用者に特定のリージョンだけを利用できるというポリシーを作成しました。この組織が複数のサブスクリプションを持っている場合、効率的にこのポリシーを運用するには何を利用しますか？

A. リソースグループ
B. サブスクリプション
C. 管理グループ
D. Azureデータセンター

問題4.

→解答　p.91　

　新しい管理者のためにリソースグループの注意点をまとめました。リソースグループ注意点として適切なものをすべて選択してください。

A. リソースグループに含めることのできるリソースは同一のリージョンに存在する必要がある
B. リソースグループに含めることのできるリソースは同一のサブスクリプションに存在する必要がある
C. リソースグループに含めることのできるリソースは同一の種類のリソースである必要がある
D. リソースに同一のアクセス許可を与えたい場合は、同じリソースグループに所属させることで同じアクセス許可が与えられる
E. リソースグループを削除すると、所属するリソースもすべて削除される

問題5.　　　　　　　　　　　　➡解答　p.92　☑☑☑

以下の説明文に対して、はい・いいえで答えてください。

　あるリソースを管理上の都合から、別のサブスクリプションに移動したいと考えています。リソースを別のサブスクリプションに移動することは可能ですか？

　A. はい
　B. いいえ

問題6.　　　　　　　　　　　　➡解答　p.92　☑☑☑

リージョンの説明として、適切なものを選択してください。

　A. Azureの契約の単位でアクセス制御やリソースの利用量の分離に利用する
　B. リソースのグループ化を行いリソースに同一のアクセス制御を付与できるものである
　C. サブスクリプションのグループ化を行いポリシーの割り当てができるものである
　D. 1つ以上のデータセンターを含み高速なネットワークで接続された一連のデータセンターである

解答・解説

問題1.　　　　　　　　　　　　➡問題　p.88

解答　　B

　不可能です。1つのリソースグループに所属するリソースは、すべて同じサブスクリプションに所属する必要があります。また、サブスクリプションをまたがって同一の権利を与える場合は、管理グループを利用することで同一の権利を1つのユーザーアカウントに与えることが可能となります。

問題2.

➡問題 p.88

解答　A

　管理グループは、サブスクリプションを含めることが可能なものであり、複数のサブスクリプションをまとめることでアクセス許可を統一したり、コンプライアンス、ポリシーの一元化で利用します（Cは誤り）。A、B、Dはすべて、今回の目的を達成することが可能ですが、1つのサブスクリプションでかんたんに構成ができる方法はAとなります。

　Bは、サブスクリプションの購入とリソースの移動が必要になるため、煩雑です。Dは、リソース数が多いため、個別に設定するとAに比べてアクセス許可の割り当てが非常に煩雑になります。

問題3.

➡問題 p.89

解答　C

　同一のコンプライアンスやポリシーを設定したいサブスクリプションがある場合は、管理グループを利用してサブスクリプションをまとめます。リソースグループやサブスクリプション単位で個別の設定をすることは可能ですが、同じポリシーなどを繰り返し与えることは効率的ではありません。

問題4.

➡問題 p.89

解答　B、D、E

　リソースグループの特徴と考慮事項は以下の通りです。

■特徴

・管理のための論理的なグループ
・同一のライフサイクル　　　　　　…（Cは誤り）
・リソース使用量の計測に利用できる
・同じアクセス制御を設定可能になる　…（Dは正しい）
・ポリシーの割り当ての範囲（Azure Policy）

■考慮事項

・リソースは1つのリソースグループにのみ所属する。

・リソースの所属するリソースグループを変更することは可能。

・リソースグループに含まれるリソースは異なるリージョンに所属することができる（Aは誤り）。

　また、リソースグループを削除すると、含まれるリソースはすべて削除されます（Eは正しい）。

　サブスクリプションは、セキュリティの境界となるため、異なるサブスクリプションのリソースを1つのリソースグループに含めることはできません（Bは正しい）。

問題5.
➡問題　p.90

解答　　A

　リソースを、異なるリソースグループや異なるサブスクリプションのリソースグループに移動することは可能です。さらに、異なるリージョンに移動することもリソースによっては可能となります。

問題6.
➡問題　p.90

解答　　D

　リージョンは物理的なデータセンターのグループを表し、地域のいくつかのリージョンが存在します。リージョンの定義は「Azureのデータセンターを1つ以上含む高速なネットワークで接続された一連のデータセンターを指します」となります。Aはサブスクリプションの説明です。Bはリソースグループの説明です。Cは管理グループの説明となります。

3-2 Azure コンピューティングおよびネットワークサービス

Azure の代表的なサービスの紹介と基本的な利用方法について学習します。また、サービス利用時の注意点についても学習をします。

1 コンテナー、仮想マシン、関数（Functions）の概要

Azure コンピューティングは、アプリケーションやさまざまな組織のサービスを提供するためのインフラストラクチャを提供します。CPU、メモリなどの計算領域と他のネットワークやストレージサービスを合わせて提供することが可能です。

（1）Azure Virtual Machines

Azure Virtual Machines は、Windows や Linux のなどの環境を手軽に仮想マシンとして利用できるクラウドサービスです。IaaS の代表的なサービスが仮想マシンです。組織内の独自アプリリーションや他の PaaS で実現できない OS 機能などを含めて利用者にカスタマイズ性豊かな環境を提供します。

仮想マシンの利用シーンには、以下のようなものが考えられます。利用シーンに応じて他のサービスと連携することで、大きな投資効果やメリットが得られます。

- ・オンプレミスのサーバーの増強
- ・オンプレミス環境からクラウド環境への移行
- ・災害対応サイトの作成（ディザスターリカバリー）
- ・テスト・ラボ用の環境作成
- ・組織内のコスト調整（スケーリング）

■オンプレミスのサーバー増強

既存の環境に追加でサーバーを購入することなく、Azure と連携することで、ハイブリッドクラウドをかんたんに実現できます。待機時間なしで、新しくサーバーを追加することが可能です。

■オンプレミス環境からクラウド環境への移行

　既存のサーバールームにある各種サーバー機能を、仮想マシンで代替することが可能です。最終的には社内のサーバールームを縮小・削除することも可能です。すべてをAzureのクラウド上で実現し、社内でかかる電気代やサーバーの設置場所にかかるコストを最小化することが可能です。

■災害対応サイトの作成（ディザスターリカバリー）

　非常に大きなコストがかかる災害対応のサイト作成も、仮想マシンをAzure上に作成し、オンプレミスやクラウド上にあるサービスの代替サイトをAzure上に構築可能です。また、それらをサポートするサービスにAzure Site Recoveryや可用性を向上するサービスが多数存在します。

■テスト、ラボ用の環境作成

　仮想マシンは、作成・削除がかんたんにできるため、テスト用の環境作成に適しています。また、ラボ環境として作成後に本番環境への移行や切り替えが容易に行えます。使用後は削除することで、使った分だけの費用で、さまざまな環境を試すことが可能です。

■組織内のコスト調整（スケーリング）

　Azure Virtual Machine Scale SetsやAzure Batchを使うことで利用シーンに合わせた柔軟なスケーリングに対応可能です。

（2）コンテナー

近年、アプリケーションの開発でよく利用される仕組みがコンテナーです。コンテナーを利用することで、従来の仮想マシンに利用に比べて軽量で拡張性に富んだアプリケーション作成が可能です。

▼仮想マシンとコンテナーを利用した場合の比較

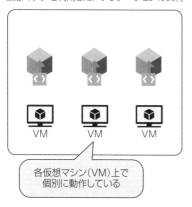

仮想マシンを利用したアプリケーションの実行

VM / VM / VM

各仮想マシン（VM）上で個別に動作している

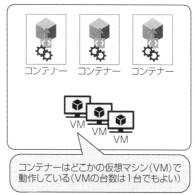

コンテナーを利用したアプリケーションの実行

コンテナー　コンテナー　コンテナー

VM / VM / VM

コンテナーはどこかの仮想マシン（VM）で動作している（VMの台数は1台でもよい）

仮想マシンのようにOSの管理が必要なく、アプリケーションとその実行環境を含んだコンテナーという単位でスケーリングが可能となります。開発者は、どの仮想マシンで実行されるか、インフラストラクチャを気にせずに、アプリケーションの開発とデプロイ※が可能となります。

※　デプロイ：利用可能な状態にすること。deployは、「配置する」、「配備する」、「展開する」などといった意味の英語。

■Azure Container Instances

Azure Container Instancesは、Azureのコンテナーサービスです。仮想マシンの準備を必要とせず、アプリケーションをコンテナーとともにデプロイすることが可能です。Azureにおいて最もかんたんに最速でコンテナーの実行が可能となります。

■Azure Kubernetes Service

　Azure Kubernetes Service（AKS）は、コンテナーを実行する際に、大規模かつ自動で管理するためのサービスです。コンテナーの管理・操作などのタスクを自動化し、大量のコンテナーを管理することが可能です。このようなコンテナーの配置や操作といった作業を、自動的に動作させることをオーケストレーションと呼びます。

▼Azure Kubernetes Service

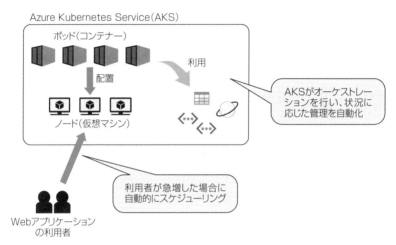

(3) Azure Functions

　Azure Functionsは、「関数」とも呼ばれるAzureのサービスです。2-1節の「1クラウドコンピューティングの定義」でも説明のある通り、サーバーレス環境で動作が可能なアプリケーションの実行環境を提供できます。また、Azureポータル上で直接プログラムを作成してアプリケーションの実行ができるため、手軽にWebシステムの機能拡張や保守目的の作業などを追加すること可能となります。

▼Functionsのアプリケーションの作成画面

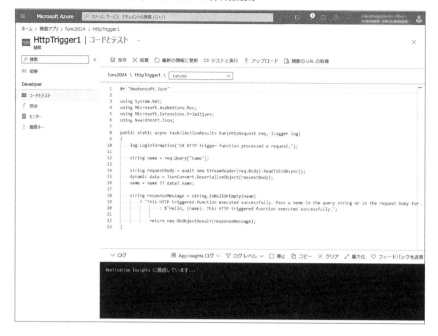

2 Azure Virtual Machine Scale Sets、可用性セット、Azure Virtual Desktopなど、Azure 仮想マシンのオプション

Azure Virtual Machinesは、アプリケーションやさまざまな組織のサービスを提供するための仮想マシン環境を提供します。信頼性や安定性、利便性のためのさまざまなオプションを持っています。

(1)Azure Virtual Machine Scale Sets（仮想マシンスケールセット）

仮想マシン自体の機能として、CPU、メモリなどの容量をかんたんに変更可能です。また、スケールアウトを自動的に実行するしくみとして、Azure Virtual Machine Scale Sets（仮想マシンスケールセット）を利用すると、同じ仮想マシンをシステムの状況に合わせて自動的にデプロイし、スケーリングすることが可能です。

▼スケールセットの構成画面

（2）可用性セット

　Azureの仮想マシンの可用性を高めることが可能です。具体的には、2台の仮想マシンを同一の可用性セットに含めることで稼働率を高めることができます。Azureでの稼働率などを含めたサービスレベルの規定がまとめられたものをAzure SLAと呼んでいます。くわしくは4-1節の「6 サービスレベル契約」（p.181）と以下のサイトで確認可能です。

> | 参考 | **Azure SLA**
> https://www.microsoft.com/licensing/docs/view
> /Service-Level-Agreements-SLA-for-Online-Services

　可用性セットは、障害ドメインと更新ドメインを用いて、同一の機能を持った仮想マシンをグルーピングすることで、同一のAzureのデータセンター上で物理的な仮想マシンの配置を調整します。

　たとえば、2台の仮想マシンをグルーピングし、物理的なサーバー上に仮想マシンがデプロイ（展開）されることで、物理的なマシン停止が発生しても同時に2つの仮想マシンが停止しないような仮想マシンの配置を実現します。

▼**可用性セット**

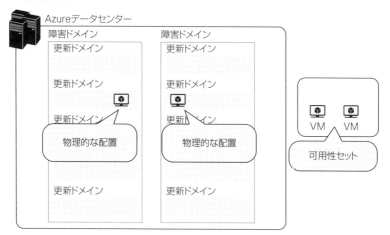

■**障害ドメイン**

　障害ドメインは、Azureデータセンター上の1つのラックだと考えるとイメージがしやすいです。ラックは複数の仮想化サーバーが配置され、同一のネット

ワークと電源を共有します。このラックを1つの障害ドメインとして構成し、異なる障害ドメインに仮想マシンを配置することで、データセンター内の物理的な障害に対応することが可能です。

■更新ドメイン

更新ドメインは、ラックの中にある1つの物理的な仮想化サーバーを指します。1台の仮想化サーバー上には多くの仮想マシンを構成可能です。仮想マシンを異なる更新ドメインに配置することで、仮想化サーバーの故障やメンテナンスが発生した場合にもサービスを提供し続けることが可能となります。

可用性セットを構成する場合は、障害ドメインと更新ドメインの数を指定することで、その範囲内にバランスよく仮想マシンを自動配置して稼働率を高めることが可能です。

> **【例】**
> 障害ドメイン：3　更新ドメイン：6
> 可用性セットに7台の仮想マシンがある場合

▼可用性セットの構成例

（3）Azure Virtual Desktop

　Azure Virtual Desktop（AVD）を利用することで、さまざま環境からAzure上にデプロイされた仮想デスクトップ（VDI※）を利用することが可能です。また、ブラウザを利用して仮想デスクトップへアクセスすることも可能となります。組織の一般ユーザーや開発者に必要とされるマシン環境を物理的に用意する必要がなく、軽量でインターネットへアクセス可能である端末さえあれば、かんたんにクラウド上の仮想デスクトップを利用して業務を開始することが可能となります。

　Azure Virtual Desktopを利用することで、以下のメリットが得られます。

・セキュリティ機能の強化

・いつでも同じユーザーエクスペリエンスを提供

・パフォーマンスの一元的な管理
・マルチセッションWindowsデプロイ

　Windows 11/10 Enterpriseのマルチセッションを利用すると、Azure上の単一の
VMで、複数ユーザーが同時に接続して、仮想デスクトップを利用可能となりま
す。個人の環境を分けつつ1つのVMで動作するため、個別のVMを用意する場
合に比べて、大きくコストを下げることが可能となります。

※　VDI：Virtual Desktop Infrastructure

3 仮想マシンに必要なリソース

　Azureコンピューティングの代表格であるAzure Virtual Machinesは、いくつか
のAzureリソースを利用して構成されます。それぞれをかんたんに紹介します。

(1) Azure Virtual Machinesの要素

　Azure Virtual Machinesは、以下の構成要素を持っています。

▼仮想マシンを構成する要素

Azure Virtual Machines

サイズ　　　　　　　　　　　　　　　　　　　　ネットワーク

汎用(B、D)　GPU(NC、NV)

　　　　　　　　　　　　　　　　　仮想ネットワーク

　　メモリ最適化
　　(Ev3、M)

　　　　　ディスク(記憶域)

　　　　　Premium SSD

　　　　　Standard HDD

■サイズ

コンピューターに必要な、プロセッサのコア数やRAMの容量をサイズで指定することが可能です。また、サイズは仮想マシンの用途に応じてさまざまな組み合わせが用意されています。

【サイズの一覧】

・汎用(B、D) ・GPU(NC、NV)

・コンピューティング最適化(F、Fs)

・ハイパフォーマンスコンピューティング(HB、HC)

・メモリ最適化(Ev3、M) ・ストレージ最適化(Lsv2)

3

▼サイズの選択画面

■ディスク(記憶域)

物理マシンを利用するときには、データの保存場所としてハードディスクやソリッドステートドライブが必要なります。仮想マシンにも同様にデータの保存場所が必要となります。仮想マシンで利用するディスクには、以下の種類があります。

・Premium SSD

高いIOPSとスループットを提供します。遅延が少なくDBサーバーや大規模なトランザクションを必要とする仮想マシンに最適です。

・Standard SSD

Premium SSDには劣りますが、高いIOPSとスループットを提供します。中規

模程度のシステムに最適でありStandard HDDよりも高速に動作します。

・**Standard HDD**

　コスト効率に優れたストレージです。バックアップ用や速度の要求されないシステムに最適です。

・**Ultraディスク**

　最も大きいIOPSとスループットを提供します。非常に高速に動作可能ですが、その分コストがかかるため、最も厳しい速度を要求されるシステムなどで利用します。

　Azureディスクストレージなど、ストレージに関する内容は、この後の「3-3 Azureストレージサービス」で紹介します。

■**ネットワーク**

　仮想マシンを、インターネットを含めたさまざまなネットワークに接続させるためにはAzure仮想ネットワークが必要となります。仮想マシンを作成するときには必ずAzure仮想ネットワークへの接続が必要となります。くわしくは、この後の項の、「5 Azureネットワークサービス」で説明します。

4 　アプリケーションホスティングオプション

　Azureコンピューティングでは、仮想マシン、コンテナ、Functions、App Servicesなどでアプリケーションをホスティングすることが可能です。ここでは特にAzure App Serviceについて確認します。

（1）Azure App Service

　Azure Virtual MachinesでWebシステムを構成する場合は、Webシステムに特化したサービスを利用することで効率を高められます。その際は、PaaSサービスの代表格であるAzure App Serviceが有効です。Webアプリの動作に特化したPaaSであり、アプリケーションをデプロイするだけで、インターネット／イントラネットの双方に向けたWebアプリケーションを、待機時間なしで公開可能です。また、他のAzureサービスと連携してデータベース、AI、セキュリティ機能をかんたんに連携できます。

　Azure App Serviceは、以下のようなアプリケーションで利用可能です。

・Webアプリケーション

・Web APIアプリケーション

・モバイルアプリ

　APIアプリケーションは、他のWebサービスに機能を提供する働きを持たせるアプリケーションのことを指し、サービスの連携などに多く利用されています。たとえば、さまざまなサイトに提供されている地図のWebアプリケーションなどは、Web APIを利用して連携しているケースが多いといえます。

3

▼ **Azure App Service**

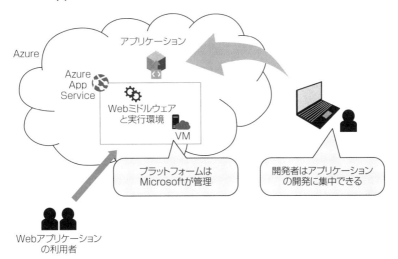

5 ┃ Azureネットワークサービス

　Azureネットワークサービスは、Azure環境で利用するさまざまサービスにクラウド上でのネットワーク環境を提供するサービス群です。特に仮想ネットワークは、Azure上でインターネットとは区別したネットワークを構成してセキュリティを高めることや、オンプレミスとの連携をとるために重要なサービスとなります。

(1) Azure Virtual Network (仮想ネットワーク)

　Azure Virtual Network (仮想ネットワーク) は、Azureのネットワークサービスの基礎です。Azure上のサービス同士をローカルなネットワークで接続することや、オンプレミスのネットワークとAzureのネットワークを相互接続するための、クラウド上のネットワークを担います。特に仮想マシンを作成する際には必ずこの仮想ネットワークが必要となります。

　また、仮想ネットワークは、基本的に個別のネットワークとなるため、異なる仮想ネットワークにデプロイされた仮想マシンや異なる仮想ネットワークに接続されたAzureのサービスは、仮想ネットワークを経由した通信ができません。

　したがって、同一のシステムで動作するAzureの各サービスは、ローカルな通信をする場合は、同一の仮想ネットワークに所属することが重要となります。

■Azure仮想ネットワークでできること

　Azure仮想ネットワークでは、以下のようなことができます。

・仮想マシンへのネットワークの提供 (インターネットを含む)
・Azureのリソース間の通信
・ネットワークのトラフィックの制御
・オンプレミス環境との接続 (VPN Gateway / ExpressRoute)
・仮想ネットワーク同士の接続 (ピアリング)
・ネットワークの分離とセグメント化

　Azureリソース間の通信では、Azure Kubernetes ServiceやAzure仮想マシン、Azure仮想マシンスケールセットなどへの接続が可能です。また、各種サービス

については、サービスエンドポイントを使用して個別のアクセスを実現することが可能です。

　たとえば、Azure SQL Databaseへセキュリティを考慮したアクセスを実現することも可能です。Azure仮想ネットワークを経由することで、仮想マシンやAzure App Serviceからの通信をインターネット経由したアクセスではなく、Azure内のローカルネットワークを通した通信を利用することで、安全にアプリケーションとデータベースの通信が可能となります。

▼ **Azure仮想ネットワーク**

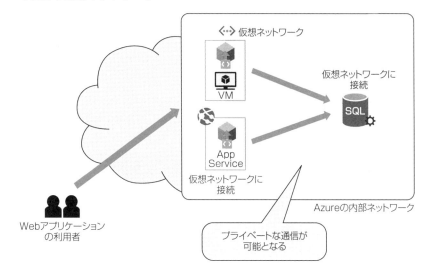

■仮想ネットワークの構成要素

仮想ネットワークは、以下のステップで構成可能です。

▼ネットワークの作成①

以下の項目を設定します。

・サブスクリプション

利用するサブスクリプションの指定です。

・リソースグループ名

仮想ネットワークが所属するリソースグループを指定します。

・名前

仮想ネットワークを識別する名前です。

・リソースの場所（リージョン）

リージョンを指定します。

▼ネットワークの作成②

以下の項目を設定します。

・アドレス空間

　アドレス空間には、一般的にプライベートIPアドレスを指定します。また、オンプレミスやその他の仮想ネットワークと接続することを考慮して、重複しないアドレス空間を割り当てます。また、サブネットはこのアドレス空間に含まれる形で構成します。

・サブネット

　アドレス空間内のサブネットワークを設定します。

▼ネットワークの作成③

```
仮想ネットワークの作成 - Microsoft  ×   +

←  →  C  ⌂  🔒 portal.azure.com/#create/Microsoft.VirtualNetwork-ARM

≡   Microsoft Azure    🔍 リソース、サービス、ドキュメントの検索 (G+/)

すべてのサービス > リソースの作成 > Marketplace > 仮想ネットワーク >
仮想ネットワークの作成    ⋯

基本   IP アドレス   セキュリティ   タグ   確認および作成

BastionHost ⓘ              ⦿ 無効化
                           ○ 有効化

DDoS Protection Standard ⓘ  ⦿ 無効化
                           ○ 有効化

ファイアウォール ⓘ           ⦿ 無効化
                           ○ 有効化
```

以下の項目を構成します。

・BastionHost

仮想ネットワーク内に構成する、仮想マシンへのブラウザからの利用を提供するオプションです。

・DDoS Protection Standard

サービス拒否攻撃の対応オプションです。詳細は以下のサイトを参考にしてください。

参考 | **Azure DDOS Protectionとは何か**

https://learn.microsoft.com/ja-jp/azure/ddos-protection
/ddos-protection-overview

・ファイアウォール

Azure Firewall です。

■仮想ネットワークのそのほかの構成要素

・ピアリング

異なる仮想ネットワーク同士を接続します。異なる仮想ネットワークに所属する仮想マシンは、原則通信ができません。リージョンが異なる仮想マシンや構成上やむなく異なる仮想ネットワークに対して、所属する仮想マシン同士にプライベートな通信を実現したい場合は、ピアリングが利用できます。

参考 **仮想ネットワークピアリング**
https://learn.microsoft.com/ja-jp/azure/virtual-network
/virtual-network-peering-overview

(2) Azure VPN Gateway

Azure VPN Gatewayは、オンプレミスのネットワークとAzure仮想ネットワークや、インターネット上のクライアントとAzure仮想ネットワークを接続するときに利用できるサービスです。ネットワークとネットワークを相互接続する接続と、クライアントーサイト間を接続することが可能です。

▼ Azure VPN Gateway

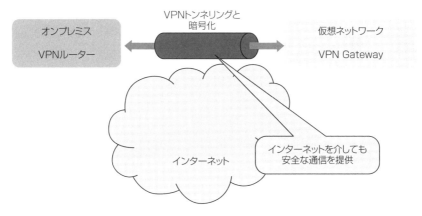

■ポリシーベースのVPN

VPN Gatewayのサイズ指定で、Basicを選択した場合のみ利用できます。一般的にはテスト用に利用されるか、オンプレミスのVPNルーターとの互換性維持のためのオプションです。

・IKEv1のみのサポート

・静的ルーティングのサポート

■ルートベースのVPN

VPN Gatewayのサイズ指定で、どれでも選択可能な構成です。一般的な運用ではこの構成を利用します。

・IKEv2のサポート

・動的ルーティングのサポート

また、ルートベースのVPNの利用シーンは、以下の通りです。

・仮想ネットワーク間の接続

・ポイント対サイト接続

・マルチサイト接続

・Azure ExpressRouteとの共存

(3) Azure ExpressRoute

Azure ExpressRouteは、オンプレミスと仮想ネットワークを相互接続する際に、セキュリティ、パフォーマンス、安定性を兼ね備えた接続方法です。専用の接続をAzure ExpressRouteで構成することで、オンプレミスのネットワークとAzure仮想ネットワークを接続することが可能です。

また、Azureだけではなく、マイクロソフトが提供するクラウドサービスとの接続が可能であるため、Microsoft 365への接続も可能となります。

▼ Azure ExpressRoute

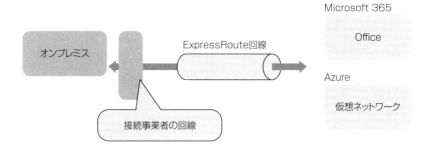

■ExpressRouteの強み

・専用線やIPVPNを利用した確実なAzureへの接続

・冗長化された回線利用

・ExpressRoute Premiumアドオンの利用で、接続リージョンを経由した、Azure全体へのアクセス（他のリージョンへアクセスを可能とする）

(4) Azure DNS

Azure DNSは、高可用性に優れたDNSサービスです。PaaSとして提供されており、利用者はDNSドメインをAzure上で管理し、名前解決を全世界に提供することが可能です。Azure DNSは、A、AAAA、CAA、CNAME、MX、NS、PTR、SOA、SRV、TXTレコードをサポートします。

ただし、ドメインは別途購入する必要があります。

6 パブリックおよびプライベートエンドポイント

パブリックエンドポイントとプライベートエンドポイントは、それぞれ利用シナリオに応じて利用可能です。Azureにおいて異なるネットワークアーキテクチャとセキュリティニーズを満たすように設計されています。

パブリックエンドポイントはインターネットなど、アクセスの接続性に焦点を当てています。それに対して、プライベートエンドポイントはセキュリティとネットワークの隔離に重点を置いています。

(1) パブリックエンドポイント

パブリックエンドポイントは、インターネットからアクセス可能なサービスのエンドポイントです。これにより、インターネットを通じてAzureサービス（たとえば、Azure Storage、Azure SQL Databaseなど）にアクセスできます。

パブリックエンドポイントを使用すると、世界中の任意の場所からサービスにアクセスできるため、広範なアクセシビリティが提供されます。セキュリティ面では、アクセス制御リスト（ACL）、ネットワークセキュリティグループ（NSG）、ファイアウォール設定などを用いてアクセスを制限および管理することが重要です。

パブリックエンドポイントの構成は、Azureのリソースによって異なります。仮想マシンであればパブリックIPアドレスを仮想NICに設定することでパブリックアクセスが可能です。Azure Storageであれば、パブリックアクセスを有効化することでリソースへのURLが構成されます。

（2）プライベートエンドポイント

　プライベートエンドポイントは、Azure仮想ネットワーク内の特定のリソースへのプライベートアクセスを提供します。これにより、Azureのサービスをプライベートネットワーク経由で安全に接続できます。**外部のインターネットからはアクセスできません。**

　プライベートエンドポイントは、Azure Private Linkサービスを使用して実装され、トラフィックが公共インターネットを経由することなくAzureサービスに送信されます。

　プライベートエンドポイントはAzure仮想ネットワークで構成されます。

演習問題3-2

問題1.

➡解答　p.120　☑ ☑ ☑

次の説明文に対して、はい・いいえで答えてください。

　組織内のサーバールームの環境をAzureに移行しようと考えています。利用するアプリケーションは、OSの機能を必要とするもので、Azureに移行後もOSの設定を変更したいと考えています。

解決策：すべてのサーバーの機能をそのまま移行するためにAzure Virtual
　　　　Machinesを利用してAzure上に環境を構築した。

　A. はい
　B. いいえ

問題2.

➡解答　p.120　☑ ☑ ☑

　Azureに社内の基幹システムを移行予定です。データセンター障害が起こった際にもサービスを提供し続けられるようにサービスを構成したいと考えてい

ます。どの可用性の対応策を利用しますか？

A. 可用性セット
B. データセンター障害に対応する機能はない
C. テンプレート
D. 可用性ゾーン

問題3.

➡解答　p.120

組織内で利用率の高いサーバーをAzureに移行予定です。24時間利用をするため高い稼働率が求められています。利用する仮想マシンの稼働率を99.99％保証する必要があります。どのサービスを利用しますか？

A. 可用性セット
B. 99.99％の稼働率は保証できない
C. Premium SSD または Ultra ディスクを利用した仮想マシン
D. 可用性ゾーン

問題4.

➡解答　p.121

以下の説明文に対して、はい・いいえで答えてください。

可用性セットを利用して、仮想マシンの稼働率を高めようと考えています。初期設定の障害ドメインを2、更新ドメインを5に設定後、同一のセットに2台の仮想マシンを含めました。その後、障害ドメインを3に変更して、可用性セットに新しく仮想マシンを追加しました。
　この作業で稼働率は99.99％に保証されます。

A. はい
B. いいえ

演習問題

問題5.

➡解答　p.121

次の説明文に対して、解決策が適当かどうかを、はい・いいえで答えてください。

組織内で利用しているWebシステムをAzureに移行しようと考えています。Webサーバー上にアプリケーションを配置しようと考えていますが、専任の管理者がいないため、できる限り管理をかんたんにしたいと考えています。

解決策：Azure App Serviceを利用してWebアプリケーションを公開する。

A. はい
B. いいえ

問題6.

➡解答　p.121

手軽にVDI（仮想デスクトップ）環境を構成したいと考えています。また、コストを最小化するために1台の仮想マシンに複数のユーザーがサインインできる環境が欲しいと考えています。最も適切な方法を選択してください。

A. Azure Virtual Machinesを利用して、Windows 11もしくはWindows 10をインストールする
B. Azure Virtual Desktopを利用する
C. Azure Virtual Machinesを利用して、Windows Serverをインストールする
D. Azure環境では、VDIは実現できない。

問題7.

➡解答　p.122　

　仮想ネットワークに仮想マシンをデプロイして、組織内のサービスを構成する予定です。部門ごとにアクセスを制限したいと考えています。最もかんたんな方法を選択してください。

A. 同じ仮想ネットワークにデプロイする
B. 異なる仮想ネットワークにデプロイする
C. 同じ仮想ネットワークにデプロイした後でピアリングを構成する
D. 異なる仮想ネットワークにデプロイした後でピアリングを構成する

問題8.

➡解答　p.122　

　次の説明文に対して、解決策が適当かどうかを、はい・いいえで答えてください。

　組織の外出中のユーザーが、Azure環境に接続できるように構成をしたいと考えています。

解決策：Azure上にVPN Gatewayを構成する。

A. はい
B. いいえ

問題9.　　　　　　　　　➡解答　p.122　

次の説明文に対して、解決策が適当かどうかを、はい・いいえで答えてください。

組織の外出中のユーザーが、出先から組織内、Azure環境に接続できるように構成をしたいと考えています。

解決策：組織の環境とAzureをExpressRouteで接続した。

A. はい
B. いいえ

問題10.　　　　　　　　➡解答　p.122　

次の説明文に対して、はい・いいえで答えてください。

すでに、Azure上にWebサイトを持ちサービスを提供している組織があります。Webサイトの新しい機能を手軽に追加できる手法を探しており、現在のWebサイトの変更を最小限にして機能を追加しようとしています。可能な限りコストを抑えて無駄なリソース消費を控えたいと考えています。AzureのApp ServiceにWeb Appsを追加し、新規のアプリケーションを追加しようと考えています。この方法は適切ですか？

A. はい
B. いいえ

問題11.

➡解答　p.123　

次の説明文に対して、はい・いいえで答えてください。

　Microsoft 365を利用している組織があります。Microsoft 365の利用状況に応じてアラートを上げるような監視の仕組みを構成しようと思っています。しかし、開発の担当者の工数が確保できず、アプリケーションの作成ができません。コードを書かずにこのソリューション実現するために、Azure Functionsの利用を考えています。このソリューションは実現可能ですか？

　A. はい
　B. いいえ

問題12.

➡解答　p.123

　Azure上に仮想マシンを構成して他のAzureサービスへのプライベートな通信を提供したいと考えています。特にAzureストレージサービスへのアクセスをプライベートで提供したいと考えています。どのサービスを利用しますか？

　A. Azure プライベートエンドポイント
　B. Azure仮想マシンのパブリックIPアドレス
　C. Azure仮想ネットワークのピアリング
　D. Azure ExpressRoute

解答・解説

問題1.

➡問題　p.114

解答　A

Azure Virtual MachinesはIaaS環境となるため、従来の物理的なマシン上にOS
をインストールしたときと同様の作業がクラウド上で実現できます。ただし、
ハードウェアは触ることができないため、OS上のデバイスドライバーに関して
は操作の対象外となることに注意が必要です。

問題2.

➡問題　p.114

解答　D

可用性ゾーンを利用すると、同一のリージョン内でデータセンター障害が起
こった場合でもサービスを継続可能となります。可用性セットは物理的なデー
タセンター内の障害に対応する機能です。テンプレートは同一のリソースを再
作成するときに役立ちます。

データセンター障害に対応する機能は、可用性ゾーン以外にも、異なるリー
ジョンにサービスを構成して冗長化構成をすることで対応することが可能です。

可用性ゾーンについては前節の3-1節(p.80)でくわしく説明をしています。

問題3.

➡問題　p.115

解答　D

保証される稼働率は、以下の通りです。

・可用性ゾーン　…99.99%

・可用性セット　…99.95%

・Premium SSDまたはUltraディスクを利用した仮想マシン　…99.9%

可用性ゾーンについては前節の3-1節(p.80)でくわしく説明をしています。

細かな内容は以下のサイトで確認可能です。

問題4.

→問題　p.115

解答　B

　可用性セットは、障害ドメインを2、更新ドメインを2に設定し、同一の可用性セットに2台以上の仮想マシンを構成することで99.95%の稼働率が保証されます。これ以上の稼働率を求める場合は、可用性ゾーンを利用する必要があります。

問題5.

→問題　p.116

解答　A

　専任の管理者がいないため管理作業を大幅に軽減できるPaaSの利用が最適です。Azure App Serviceは代表的なPaaSで、OSやミドルウェアの管理が不要となるため、最適です。

問題6.

→問題　p.116

解答　B

　Azure Virtual Machinesを利用してVDI(仮想デスクトップ)環境の作成は可能ですが、準備に時間がかかることと、1台の仮想マシンで複数のユーザーがサインインする環境は，Windows 10では実現ができません。Azure Virtual Desktopを利用するとかんたんにVDI環境が構築できます。あわせて、マルチセッション機能の利用で複数のユーザーが個別の環境を持った状態でWindow 11/10を利用することが可能です。

演習問題

問題7.

➡問題　p.117

解答　　B

　仮想マシンは原則として、同一の仮想ネットワーク内の仮想マシンと通信が可能です。したがって、異なる仮想ネットワークにデプロイすることで仮想ネットワークごとに通信を遮断できます。ピアリングは仮想ネットワーク同士を相互接続する機能になるため、ピアリングを構成すると異なる仮想ネットワーク同士での通信が可能となります。

問題8.

➡問題　p.117

解答　　A

　Azure VPN Gateway は、ポイント対サイトの構成が可能であるため、出先からインターネットを介して Azure に接続をすることが可能です。

問題9.

➡問題　p.118

解答　　B

　Azure ExpressRoute は、組織の拠点と Azure を接続するサービスです。したがって、出先の I クライアントから組織内、Azure へのアクセスを提供するサービスではありません。出先から Azure への接続を実現するには、Azure VPN Gateway を利用するか、Azure ポータルから、Azure 上の仮想マシンや Azure Virtual Desktop へのアクセスをする必要があります。

問題10.

➡問題　p.118

解答　　B

　この方法でも、機能の追加は可能ですが、App Service 上に通常の Web アプリケーションを追加する場合は、追加したアプリケーションの動作の有無に関わらず絶えず利用料が発生します。Functions は実行時にだけ課金が発生するので、アプリが呼び出されていない待機時間は App Service はお金が無駄になります。軽量で短時間動作のアプリは、Azure Functions のほうがコストメリットがあり

ます。さらに、問題文では可能な限りコストを抑えたい意図があるため、Azure Functionsが適切です。

問題11.

→問題　p.119

3

解答　　B

　コードを記述してアラートを上げることは、Azure Functionsで実現可能です。しかし、コードを書かずにAzure Functionsを動作させることはできないため、このソリューションは実現できません。しかし、Azure Logic Apps（p.43参照）を利用すると、コードを書かずにMicrosoft 365などの状況に応じてアラートを上げるようなソリューションの実現が可能です。

　Azure Logic Appsは、以下のサイトで詳細を確認できます。

> 参考　**Azure Logic Appsとは**
> https://learn.microsoft.com/ja-JP/azure/logic-apps
> /logic-apps-overview

問題12.

→問題　p.119

解答　　A

　Azure上の仮想マシンは仮想ネットワークに構成されます。仮想ネットワーク上にプライベートエンドポイントを作成することで、他のAzureサービスへのプライベートな通信が可能となります。

　仮想マシンにパブリックIPアドレスを割り当てた場合は、インターネットへの公開をすることにつながるため、不適切です。また、ピアリングは仮想ネットワーク同士の接続、ExpressRouteはオンプレミス環境との接続で利用されます。

演
習
問
題

3-3 Azureストレージサービス

Azureのストレージサービスについて確認します。仮想マシンを代表とするさまざまなサービスでAzureのストレージを利用可能です。システムのデータの保存場所として利用することが可能です。

1 Azureストレージサービス

　Azureストレージサービスは、Azure上で、データを保存するサービスです。インターネットを介した保存や、仮想マシンのデータ保存、その他Azure上のさまざまなサービスからデータを保存することが可能です。また、Azureストレージは、Http・Httpsを利用して、データを利用することが可能です。

(1) Azureストレージアカウント

　Azureストレージの利用には、ストレージアカウントを利用します。ストレージアカウントをリソースとして登録することで、全世界からAzureストレージにアクセスをすることが可能となります。

　ストレージアカウントは、名前にアカウントとありますが、Azureの1つのリソースを指しており、ストレージアカウントはユーザーアカウントとは異なります。

　ストレージアカウントの作成をすると、データ保存に利用できるBLOBとFilesの2つのサービスが利用できます。この2サービスがAzureストレージでよく利用されます。右ページの図は、BLOBを利用した際のデータの階層構造を説明しています。

▼BLOBを利用した際のデータの階層構造

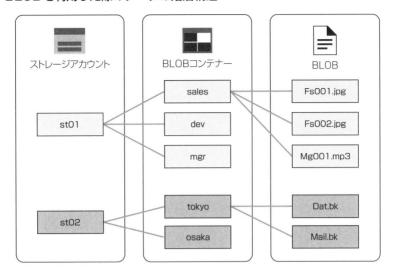

　また、仮想マシンの仮想HDDとしては、Azure ディスクが利用されます。あわせて、ストレージアカウントを作成することで利用できるサービスには、以下のようなサービスが存在します。

・Azure Files
・Azure BLOB
・Azure ディスク
・Azure Elastic SAN※

・Azure Container Storage※
・Azure キュー
・Azure テーブル
・Azure NetApp Files

※　2024年1月時点ではプレビュー

　くわしくは以下のサイトを参考にしてください。

参考	**Azure Storageの概要**

https://learn.microsoft.com/ja-jp/azure/storage/common
/storage-introduction

　ストレージアカウントの作成時には、冗長構成やパフォーマンスに関わるポイントが多数あるため、作成時に注意をする必要があります。

2 パフォーマンスとストレージ層

　ストレージアカウント構成時に、データ保存領域のパフォーマンスに応じていくつかのオプションを選ぶことが可能です。

■パフォーマンス

　ストレージアカウントの作成時に、保存する領域のパフォーマンスによって以下の2つの構成が選択可能です。

・Standard

　一般的なストレージデバイスにデータが保存されます。主にHDDに保存されると考えるとイメージがわきやすいです。このオプションは、ストレージアカウントの種類としてStandard 汎用 v2として構成されます。

・Premium

　高速なストレージに保存されます。主にSSDに保存されると考えるとイメージがわきやすいです。このオプションは、ストレージアカウントの種類として以下の3つを選択可能です。

・Premium ブロックBLOB
・Premium ファイル共有
・Premium ページBLOB

■アクセス階層

　データの保存や読み取る際に頻繁にアクセスさせるデータや、あまりアクセスされないデータなどのデータ使用頻度に基づいて、アクセス層を構成できます。アクセス階層はBlob Storageで構成可能です。

　アクセス階層には、以下の4つの階層が存在します。

・ホット層　　　　　　　　　・コールド層
・クール層　　　　　　　　　・アーカイブ層

　一般的には、よく利用されるデータの場合はホット層を利用し、アクセス頻度の低いデータにはクール層を利用します。コールド層、アーカイブ層はデフォルトのアクセス階層には設定できません。

3 | 冗長性

　データの保存領域が複数のディスクにまたがることで、データの可用性と信頼性が向上します。以下のパターンが利用できます。リージョンにより選択できる項目は異なります。

・ローカル冗長ストレージ（LRS）

　同一のリージョン内で三重に保存されます。ディスク障害が起こった場合でも、他のディスクにデータが存在するため、信頼性が向上します。

・ゾーン冗長ストレージ（ZRS）

　同一のリージョン内で、異なる可用性ゾーンに三重に保存されます。リージョン内でデータセンター障害が起きた場合でもデータへのアクセスが可能です。

▼ローカル冗長ストレージ（LRS）・ゾーン冗長ストレージ（ZRS）

・geo冗長ストレージ（GRS）

　メインのリージョンをプライマリリージョンと呼び、そのコピー先をセカンダリリージョンと呼びます。

　まず、プライマリリージョンで、三重で保存されたデータが、セカンダリリージョンにも同様に三重で保存されることで、リージョン障害時にもデータを保持することが可能です。

　ただし、リージョン障害時以外は、セカンダリリージョンのデータへのアクセスは許可されません。セカンダリリージョンは、ペアリージョンが自動的に構成されます。

▼geo冗長ストレージ（GRS）

・geoゾーン冗長ストレージ（GZRS）

　GRSのプライマリリージョンでZRSが利用されます。

・セカンダリリージョンの読み取り（RA-GRS、RA-GZRS）

　GRSとGZRSで、セカンダリリージョンのデータが読み取り専用で利用可能となります。ストレージ利用するアプリケーションのアクセスパターンによって使い分けが可能です。

詳細は以下のサイトで確認可能です。

> **参考** | **Azure Storageの冗長性**
> https://learn.microsoft.com/ja-jp/azure/storage/common
> /storage-redundancy

また、その他のストレージアカウント作成時のポイントは、以下のサイトで確認可能です。

> **参考** | **ストレージアカウントの作成**
> https://learn.microsoft.com/ja-jp/azure/storage/common
> /storage-account-create?tabs = azure-portal

3

4 ストレージアカウントのオプションとストレージの種類

ストレージアカウントの種類とAzureストレージで構成可能なサービスについて確認します。

(1) Azureストレージアカウントの種類

ストレージアカウントは、いくつかの種類が提供されており、含まれるサービスの違いや価格体系が異なります。

一般的にストレージアカウントを構成するときは「Standard汎用v2」を利用します。多くのサービスが構成でき、いろいろな構成が可能な種類となります。

ストレージアカウントの種類	サービス	冗長化オプション
Standard汎用v2	Azure File、Azure BLOB、Azureキュー、Azureテーブル	LRS、GRS、RA-GRS、ZRS、GZRS、RA-GZRS
Premiumブロック BLOB	Azure BLOB	LRS、ZRS
Premiumファイル共有	Azure File	LRS、ZRS
Premiumページ BLOB	Azure BLOB（ページ BLOB）	LRS、ZRS

(2) Azure Blob Storage

Azure Blob Storageは、マイクロソフトのクラウド用のオブジェクトストレージです。大容量のテキストデータやバイナリデータを格納することが可能です。Blob Storageの主な用途は以下の通りです。

・画像またはドキュメントデータの保存と配信
・動画・音声などの配信
・ログファイルの保存
・バックアップ、ディザスターリカバリー用のデータ保存
・分析データの保存

■コンテナー

Blob Storageの表示は、Azureポータル上でストレージアカウントの作成後に[コンテナー]という項目で作成可能です。BLOBを保存するフォルダーの役割を果たす入れ物をコンテナーと呼びます。

■BLOBの種類

BLOBには、データの性質によって3つのBLOBを利用することが可能です。

・ブロックBLOB
・追加BLOB
・ページBLOB

それぞれ名前のイメージ通りの利用が適しており、ブロックBLOBは、大容量データに向いています。バイナリファイルや動画・音声などのマルチメディアデータやテキストデータなどを格納します。

追加BLOBは、追記が多いデータタイプに向いており、ログファイルなどの格納に向いています。ページBLOBは、ランダムアクセス向きのBLOBです。

■BLOBの制限

BLOBを含むAzure上のサービスにはさまざま制限があり、日々Azureの発展とともに変化します。以下にAzure Storageの代表的な制限項目を記載します。

・ストレージアカウントの最大容量　　　　…5PiB
・ブロックBLOBの最大サイズ　　　　　　…約195TiB
・追加BLOBの最大サイズ　　　　　　　　…約195GiB
・ページBLOBの最大サイズ　　　　　　　…8TiB

※　GiB（ギビバイト）＝ 2^{30} バイト、TiB（テビバイト）＝ 2^{40} バイト、PiB（ペビバイト）＝ 2^{50} バイト

くわしい情報は、下記のサイトで確認できます。

参考 **Azureサブスクリプションのサービスの制限と クォータ、制約**

https://learn.microsoft.com/ja-jp/azure/azure-resource-manager
/management/azure-subscription-service-limits

3

(3) Azure Files

Azure Filesを利用するとかんたんにクラウド上でファイル共有を実現できます。Windowsの標準的なファイル共有プロトコルを利用できるため、Windows 11もしくはWindows 10のクライアントコンピューターからデータを利用することも可能です。また、組織内にあるファイルサーバーのデータのバックアップ場所として利用することもできます。

クライアントから利用するときは、オンプレミス同様にドライブ文字などにマウントすることで手軽に利用可能です。

(4) Azure Disk Storage

Azure Disk Storageは、仮想マシン用の仮想HDDとして利用します。また、利用するシーンに応じて、速度の異なる以下のタイプのディスクが利用可能です。

- ・Standard HDD 低速
- ・Standard SSD
- ・Premium SSD
- ・Ultra ディスク 高速

基本的に上から順番に下に行くほど高速なディスクとなります。以下のサイトで各ディスクの詳細が確認できます。

参考 **ディスク種類の選択**

https://learn.microsoft.com/ja-jp/azure/virtual-machines
/disks-types

---

5 ファイルを移動するオプション

　Azure Storage でファイル操作や移動をするためのツールにはさまざまなものが存在します。代表的な3つのオプションを紹介します。
・AzCopy
・Azure Storage Explorer
・Azure File Sync

(1) AzCopy

　AzCopyは、コマンドラインユーティリティです。このツールは、Azure BLOB、Azure File などのデータを効率的に転送するために使用できます。AzCopyは、大量のファイルを高速にアップロード、ダウンロード、またはコピーが可能であり、大規模なデータ移行やバックアップのための強力なツールです。高度な機能には、並列転送、再開可能な転送、インクリメンタルコピーなどがあります。

●利用例

```
azcopy cp "コピー元" "コピー先"
```

　「--recursive」オプションを付けることで、対象がフォルダーの場合に、その中のすべてのデータを再帰的にコピーすることが可能です。

(2) Azure Storage Explorer

　Azure Storage Explorerは、ストレージの管理を直感的にGUIで実行することのできるツールです。以下のような特徴があります。
・さまざまなストレージサービスの管理
・GUIによる管理
・データのかんたんなアップロードとダウンロード
・クロスプラットフォーム

▼ストレージエクスプローラー

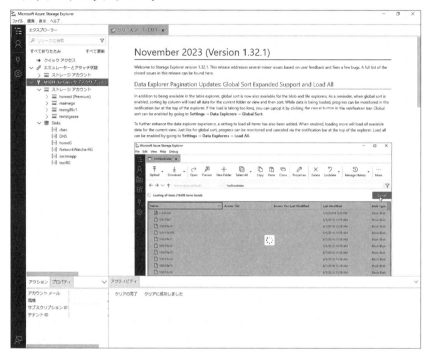

(3) Azure File Sync

オンプレミス環境などにあるファイルサーバーの情報をAzure Fileに同期するサービスです。データのバックアップ目的で利用することも可能であり、普段利用されているファイルサーバーの利便性を大きく向上させます。

以下のような用途で利用可能です。

■オフィス間でのファイル共有の最適化

各オフィスのファイルサーバーにAzure File Syncを設定し、Azure Filesと同期させます。これにより、各オフィスが生成したファイルは自動的にクラウドにアップロードされ、他のオフィスでもアクセス可能になります。ファイルの更新があると、その変更はクラウドを通じてすべてのオフィスに反映され、常に最新の情報が各所で利用できるようになります。

■ストレージコストの削減

Azure File Syncの階層化機能を使用すると、アクセス頻度の低いファイルは自動的にクラウドに移動されます。これにより、オンプレミスのストレージは必要最低限に保たれ、コストを削減できます。必要に応じてファイルはクラウドからオフィスに戻され、透過的にアクセスできます。

■データバックアップと災害復旧

オンプレミスのファイルサーバーが物理的な損傷や障害にあった場合に、Azure Filesに保存されているファイルを利用することでデータの保全が保たれます。災害発生時には、クラウドに保存されているファイルを利用して迅速にビジネスを再開できます。

6 データの移行オプション

オンプレミス環境などで利用中のデータをAzureに移行する際には単純な移動オプションでは時間的な問題や手間がかかります。それをサポートする方法として以下のようなツールが存在します。

・Azure Migrate
・Azure Data Box

(1) Azure Migrate

Azure Migrateは、オンプレミス環境からAzureへの移行をサポートするためのサービスです。アプリケーション、データ、およびワークロードのクラウド移行を支援します。たとえば、ある中規模の製造業企業が、自社のデータセンターで運用している既存のアプリケーションとデータベースをAzureに移行するために、Azure Migrateを使用して移行を進めることができます。

①移行アセスメント

Azure Migrateを使用して現在のインフラストラクチャの包括的なアセスメントを行います。これには、各VMのパフォーマンスデータの収集、推奨されるサイズとコスト見積もりの提供が含まれます。

②移行計画の策定

アセスメントデータを基に、どのアプリケーションとデータベースをいつ、どのように移行するかの計画を立てます。

③実際の移行

Azure Migrateのツールを使用して、アプリケーション、データ、およびワークロードを段階的にAzureに移行します。

④最適化と管理

移行後、Azure Migrateを使用して、リソースの使用状況を監視し、コスト最適化のための調整を行います。

(2) Azure Data Box

Azure Data Boxは、大量のデータを物理的にAzureへ転送するためのサービスです。特にインターネット経由でのデータ転送が不適切または非効率的な場合に使用されます。実際に物理的なメディアを利用してオンプレミス環境からAzureのデータセンターへ情報を転送します。

たとえば、マルチメディア系の会社がテラバイト級のビデオデータをオンプレミスのストレージからAzureに移行したいと考えています。しかし、インターネット経由での転送は時間とコストの面で現実的ではありません。そこで、Azure Data Boxを利用することでこの問題が解決できます。

①**Data Boxの注文**：会社はAzureポータルからData Boxデバイスを注文します。

②**データのコピー**：会社に届いた、Data BoxデバイスにAzure上に補完したい、ビデオデータをコピーします。これは、高速なローカルネットワーク経由で行われます。

③**物理的な転送**：データをコピーしたData Boxデバイスを、Microsoftに送付します。

④**データのAzureへのアップロード**：Microsoftでは、Data BoxからデータをAzureストレージに安全にアップロードします。

⑤**データの利用**：転送が完了すると、会社はAzure上でデータを直接利用できるようになります。

Azure Data Boxは大容量データの移行における時間とコストの問題を解決します。特に、高帯域幅が必要な大規模データ移行において、効率的かつ安全なデータ転送手段を提供します。また、Data Boxはセキュアなデータ転送を保証し、転送中のデータの安全性も確保できます。

演習問題3-3

問題1.

→解答　p.138　

以下の問いに、はい・いいえで答えてください。

ストレージアカウントを作成して、データを保存しようと考えています。200GBのデータを保存するためにBLOBコンテナーを用意しました。ブロックBLOBでデータを保存することはできますか？

A. はい
B. いいえ

問題2.

→解答　p.138　

高いパフォーマンスを要するSQL Serverを構成予定です。仮想マシンへSQL Serverをインストールしてデータベースを準備しています。以下のうち適切なものを選択してください（複数解答してください）。

A. データディスクにStandard HDDを利用する
B. OSディスクにStandard HDDを利用する
C. データディスクにPremium SSDを利用する
D. OSディスクにPremium SSDを利用する

問題3.　　　　　　　　　　　　　➡解答　p.139

以下の文章を読んで、下線部が間違っている場合は、正しい解答を選択してください。

Azure上に大容量のデータをコピーしたいと考えています。しかし、インターネットを利用してアップロードをすることはセキュリティ上問題であると考えています。安全を保つために、<u>Azure Data Box</u>を利用してデータをAzure上にコピーしました。

A. 変更の必要はない
B. AzCopy
C. Microsoft Storage Explorer
D. Azureポータル

問題4.　　　　　　　　　　　　　➡解答　p.139

以下の項目に、はい・いいえで答えてください。

普段ユーザーが利用しないファイルサーバーのデータを一時的に退避して、一定期間後に削除する予定です。コストを落とすためにAzure Blob Storageを利用し退避場所を作成しました。利用料金を下げるためにアクセス階層をアーカイブに設定してストレージを構成しました。この作業はストレージにかかるコストを下げることになりますか。

A. はい
B. いいえ

問題5.

→解答　p.139　

　Azureを利用してファイルサーバーのデータを、クラウド上で管理し各拠点のクライアントから利用できるように構成予定です。最も手軽に利用できる方法はどれですか？　各拠点からはすべてインターネットが利用可能です。

A. Azure Blob Storageを利用して、コンテナーを作成後、ファイルサーバーのデータをコピーする

B. Azure Blob Storageを利用して、BLOBを作成し公開する

C. Azure Filesを利用して共有フォルダーを公開して、ファイルサーバーのデータを共有フォルダーにコピーする。

D. Azure Disk Storageを利用して、仮想マシンを作成し、ファイルサーバーを構成後、元のファイルサーバーからデータをコピーする

解答・解説

問題1.

→問題　p.136

解答　　A

　ブロックBLOBの最大サイズは、約195TiBであるため十分に保存可能です。ページBLOBであっても8TiBまで保存可能です。追加BLOBの場合は約195GiBとなるため最大サイズに注意が必要です。

問題2.

→問題　p.136

解答　　C、D

　Azure Disk Storageを利用する際にパフォーマンスを考慮する場合は、Premium SSDやUltraディスクを利用します。Standard HDDやStandard SSDはあまりアクセスの激しくないワークロードに向いたディスクとなります。

問題3.

➡問題 p.137

解答 **A**

Azure Data Boxを利用することで、物理的にデータをデバイスにコピーしてAzureのデータセンターに送ることができるため、インターネット接続を介さずに物理的にデータを移動することが可能です。

Azcopy、Microsoft Storage Explorer、Azureポータルを利用してのデータアップロードは、インターネット接続などのネットワーク接続が長時間必要となります。

問題4.

➡問題 p.137

解答 **A**

Azure Blob Storageのアクセス階層は、ホット、クール、コールド、アーカイブの4つの層があり、アーカイブにすることでストレージの利用料金を下げることが可能です。

問題5.

➡問題 p.138

解答 **C**

Bの解答はBLOB利用時の方法として適切ではありません。BLOBはコンテナーを作成後にデータを置くことができるため、BLOBだけを単体で公開することができません。A、C、Dはすべて、実現可能ですが、一番手軽な方法はサービスの公開とデータのコピーで済むAzure Filesが一番手軽だと考えられます。

3-4 Azureの ID、アクセス、セキュリティ

この節では Microsoft Azure のサービスを利用するために必要な認証・認可とセキュリティに関わるサービスについて学習します。

1 認証と認可

Microsoft Azure のサービスに限らず、どのようなクラウドサービスでも、サービスを利用するための本人確認や有効なライセンスを保有しているかなどの確認を行います。こうした機能を認証または認可と呼びます。

(1) 認証

サインインやログインなどの言葉でも表現される認証とは、本人確認の機能のことで、一般には ID（ユーザー名）とパスワードを入力して本人確認を行います。ただし、ID とパスワードは単なる文字列の情報であるため、近年ではパスワードが第三者に推測されることで不正アクセスなどの被害が報告されるようになりました。こうした問題に対応するために、ID とパスワードを使った認証の他に、携帯電話を利用した本人確認を行う多要素認証（MFA：Multi-Factor Authentication）を利用することを推奨しています。

(2) 認可

認可とは、認証を済ませたユーザーが特定のサービスや機能を利用するためのアクセス権を持っていることを確認する機能です。クラウドサービスであれば、認証を行ったユーザーがライセンスを保有しているか、サービスにアクセスするためのアクセス権を持っているか、などを認可の機能を通じてチェックします。

2 Microsoft Entra ID

　Microsoft Entra ID（以降、MEID）とは、Microsoft Azureで提供する認証と認可のサービスで、Microsoft AzureやMicrosoft 365などのマイクロソフトが提供するクラウドサービスにアクセスする際に行う認証と認可に使われます。

　MEIDでは次のような機能を提供しています。

（1）ユーザー管理

　MEIDで認証を行うためには、事前にIDとパスワードの情報を登録しておく必要があります。IDとパスワードの組み合わせをユーザー情報としてMEIDでは管理します。

（2）パスワード利用方法の管理

　パスワードが盗まれる、推測されるなどの理由による不正アクセスを避けるため、MEIDでは複雑なパスワードを強制したり、パスワードによく使われる文字列は設定できないように構成したり、安全にパスワードを利用するような管理ができます。そのほか、多要素認証を利用してパスワードだけに頼らない認証方法を設定したりすることも可能です。

（3）ロールの割り当て

　前述の通り、MEIDはMicrosoft AzureやMicrosoft 365にアクセスするための認証・認可のサービスとして動作します。認可では、事前にアクセス許可をそれぞれのサービスに対して割り当てておくことで、アクセス制御ができるようになります。また、MEIDでは、事前に管理者としてのアクセス許可を割り当てておくことで、管理者権限を割り当て、管理者としての作業に対するアクセス制御ができます。

　管理者権限はロールと呼ばれる単位で権限管理が行えるようになっており、ロールにはすべての管理が可能なロールである「グローバル管理者」や、Exchange管理者やSharePoint管理者などの特定のサービスに対する管理権限だけが割り当てられたロールも用意されています。

(4) クラウドサービスとの連携

　MEIDでは、マイクロソフト社製のクラウドサービスに対する認証・認可だけでなく、マイクロソフト以外のクラウドサービスとも関連付けを行うことで、MEIDで認証を行った上で他のクラウドサービスへアクセスすることもできます。このような連携によって、どのクラウドサービスにアクセスするときもMEIDで一度だけ認証を行えば、改めてIDとパスワードを入力する必要がなくなります。このようなアクセスの仕組みをシングルサインオンと呼びます。

▼シングルサインオン

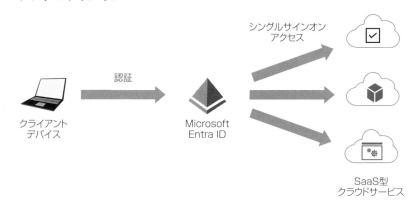

　連携方法には、SAML（サムル）と呼ばれるプロトコルを使って連携する方法、または認証用のIDとパスワードをMEIDにあらかじめ保存しておく「パスワードベース」と呼ばれる連携方法があります。

(5) APIアクセスの連携

　たとえば、会社のポータルサイトとして動作するWebアプリケーションで、Office 365のExchange Onlineに保存されている予定表を参照し、今日の予定をポータルに表示させるような連携を行いたいとします。このような連携を行う場合、一般的にAPI経由で予定を取得することで実現します。どのWebアプリケーションから、どのデータへアクセスさせることを許可するかを制御するためにMEIDを利用します。

　MEIDではAPIを利用した連携方法として、OAuth 2.0（オーオース）と呼ばれるプロトコルをサポートしています。

▼APIアクセスの連携

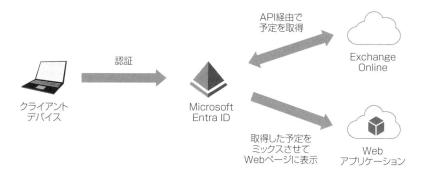

MEIDではIDとパスワードを使って認証を行うと、どのID（ユーザー）で認証を行ったかによって、どのようなアクセス権が与えられるか（認可）が異なります。

▼MEIDで行う認可機能の一覧

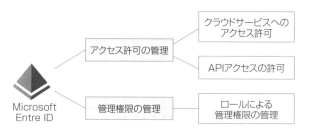

（3）で解説したロールは、管理者としての作業を行うための設定、（4）と（5）で解説したアクセス許可は、ユーザーがクラウドサービスにアクセスしたり、APIアクセスしたりするための設定について紹介しました。

以上のことから、MEIDは認証と認可の機能を提供する仕組みであることがおわかりいただけるでしょう。

3 | Microsoft Entra Connect

MEIDを利用してID管理を行う場合、最初に行う管理作業としてユーザー作成があります。ユーザーは従業員ごとに作成するため、大規模な企業になれば作成しなければならないユーザーの数も多くなり、管理が煩雑になります。

そこで、MEIDでは、すでに企業でActive Directoryを利用したユーザー管理を行っている場合、Active Directoryに保存されているユーザーをMEIDに同期することで、Active Directoryに保存されたユーザーと同じユーザー名とパスワードをMEIDでも使えるように構成できます。このとき、Active DirectoryからMEIDへの同期を行うツールとしてMicrosoft Entra Connectがあります。

Microsoft Entra Connectは、Windows Serverにインストールして利用するツールで、インストールを行うと30分に一度の間隔で自動的にActive Directoryに保存されているユーザーやグループなどの情報をMEIDに同期します。

同期結果はMicrosoft Entra Connectのインストール時に一緒にインストールされるSynchronization Servicesツールより確認できます。

▼Synchronization Servicesツール

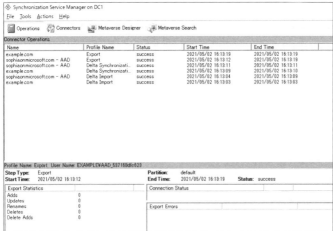

4 ┃ 多要素認証

　前項でも解説したように、IDとパスワードを利用した認証は、単なる文字列を利用した認証であるため、なにかしらの方法でIDとパスワードが知られてしまうと不正アクセスに遭う可能性があります。こうしたトラブルを避けるために、MEIDでは文字列という情報だけでなく、物理的なデバイスを所有しているかを判断基準に認証を行う方法をサポートしています。

　このようなIDとパスワードという情報と、物理的なデバイスの所有という、複数の要素を組み合わせて行われる認証方法を多要素認証と呼びます。

(1) 多要素認証の方法

　ID／パスワードと共に利用する多要素認証の方法として、主に次の方法があります。どの方法を選択するかは、多要素認証の設定を有効化した後、最初に認証を行ったタイミングで選択できます。

■Microsoft Authenticatorアプリを利用した認証

　Microsoft Authenticatorアプリは、iOS、Android用アプリとして提供されており、スマートフォンにインストールして、IDの事前登録を行っておくことにより、認証時にIDとパスワードを入力したタイミングで Microsoft Authenticatorアプリに通知が表示されます。

▼認証時にアプリに通知

　通知画面で[承認]をタップすることで認証を完了することができます。

■SMSを利用した認証

　あらかじめ携帯電話番号を登録しておくことで、認証時にIDとパスワードを入力したタイミングで、携帯電話にショートメッセージ（SMS）が送られます。メッセージに書かれた番号を認証画面に入力することで認証を完了することができます。

■通話による認証

あらかじめ携帯電話番号を登録しておくことで、認証時にIDとパスワードを入力したタイミングで携帯電話に着信があります。音声ガイダンスに従って#ボタンを押すと、認証を完了することができます。

（2）多要素認証の有効化

多要素認証を利用する場合、次の3つの方法で有効化することができます。

■ユーザー単位の設定

MEIDでは、ユーザー単位で多要素認証の有効／無効を設定できます。たとえば、「管理者は有効、一般ユーザーは無効」のような運用が可能になります。

■セキュリティ既定値群

2019年10月以降に新規作成したMEIDでは、セキュリティ既定値群と呼ばれる機能が既定で有効になっています。これにより管理者に対しては強制的に多要素認証を有効化、一般ユーザーに対しては多要素認証に必要なアプリまたは携帯電話の登録だけが強制的に行われます。

■条件付きアクセス

MEIDでは、MEID経由でクラウドサービスにアクセスする際、特定の条件に当てはまるアクセス方法であったときに、アクセスを許可する、もしくは拒否するといったアクセス制御を行えます。このとき、アクセス制御は単純に許可／拒否を行うだけでなく、多要素認証を行うように構成することができます。

5 Microsoft Entra B2B ／ Azure AD B2C

ここまでで解説した方法では、MEIDに作られたユーザーは自社の従業員が利用することを想定したものでした。一方、他社のユーザーでも自社でシングルサインオンするように構成されたクラウドサービスにアクセスさせたいケースがあります。このときに他社のユーザー（利用者が所属するMEIDのユーザー）を自社のMEID（クラウドサービスが関連付けられているMEID）にMicrosoft Entra B2Bユーザーとして作成することで、他社のユーザーが自社のユーザーと同じようにクラウドサービスへのシングルサインオンが実現できます。

Microsoft Entra B2Bで作られた他社のユーザーの実体は他社で使用するMEIDのショートカットになります。そのため、他社のユーザーはユーザーが普段使

うMEIDにサインインするだけで、相手の会社（自社）のクラウドサービスにシングルサインオンアクセスできるようになります。このとき、Microsoft Entra B2Bの機能を通じて作られるショートカットとなるユーザーをゲストユーザーと呼びます。

▼Microsoft Entra B2Bの構成

このようにMicrosoft Entra B2Bはビジネスパートナーとなるユーザーを自社に招いてシングルサインオンアクセスを実現するものです。

一方、ECサイトや会員制Webサイトのようにビジネスパートナーではなく、一般顧客を対象としたアクセス許可を与えたい場合もビジネスでは想定されます。この場合、一般顧客が利用するマイクロソフトアカウントやGoogleアカウントなどでサインインし、自社のMEIDにアクセスさせる方法があります。これをAzure AD B2Cと呼びます。

▼Azure AD B2Cの構成

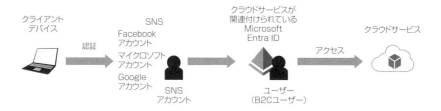

6 Microsoft Entra Identity Protection

　Microsoft Entra Identity Protectionとは、MEIDにおける不正アクセスの検知もしくは未然に防止するためのサービスで、有償契約であるMicrosoft Entra ID P2ライセンスを通じて提供されます。

　Microsoft Entra Identity Protectionには、[ユーザーリスク]と[サインインリスク]の2種類があります。ユーザーリスクは漏えいしたパスワードを利用するなどの不正アクセスに遭う可能性が高いユーザーの検出、サインインリスクは普段利用する場所とは異なる場所からの認証やありえない移動（東京で認証を行った1分後に香港で認証するなど）、ダークウェブで使われる匿名IPアドレスからの認証など、不正アクセスの可能性が高い認証の検出を行います。

　これらの不正アクセスを検出した場合、アラートを出力して管理者に通知するだけでなく、設定により認証そのものをブロックしたり、多要素認証を強制したりするように構成することが可能です。

7 Microsoft Entra Privileged Identity Management

　Microsoft Entra Privileged Identity Management（以降、PIM）は、管理者ロールが割り当てられたユーザーが管理者として作業を行う際、必要なタイミングでのみロールを利用できるように構成する方法です。

　通常、ロールを特定のユーザーに割り当てると永続的に管理者としての作業ができるようになります。しかしPIM経由でロールの割り当てを行うと、ロールが割り当てられたユーザーはロール利用の申請を行わないと管理者としての作業を行うことができません。

　既定ではロール利用の申請を行うと、利用開始のタイミングから1時間だけ管理者としての作業を行うことができます。これにより不必要なタイミングでロールの権限を持たないため、ロール割り当てユーザーが不正アクセスに遭っても攻撃者が管理者としての作業をできないように構成できます。

▼ロールの割り当て

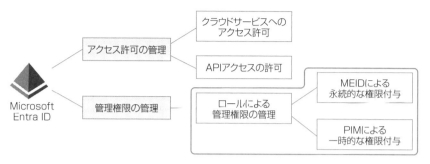

　なお、PIMを利用する場合、有償契約であるMicrosoft Entra ID P2ライセンスを保有していること、多要素認証を利用するように構成されていることが前提条件になります。

8 ｜ 条件付きアクセス

　MEIDに関連付けられたクラウドサービスやAPIアクセスの連携を行うように構成されたWebアプリケーション等にアクセスする際、あらかじめ決められた条件に基づいてアクセスの許可／拒否を制御できます。条件付きアクセスで設定可能な条件には、主に次のようなものがあります。

▼条件付きアクセスで設定可能な条件

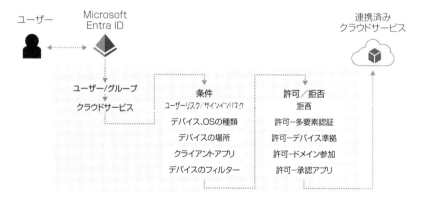

9　セキュリティ対策の考え方

Microsoft Azureではさまざまなサービスから構成されており、攻撃のきっかけとなるようなポイントが多く存在します。これらに対して抜け漏れなく、そして効率よくセキュリティ対策を行えるようにセキュリティ対策のモデルを活用することが多くあります。ここでは代表的なセキュリティ対策のモデルとして、ゼロトラストと多層防御について解説します。

(1) ゼロトラスト

社内設置のサーバー（オンプレミス）中心のシステムの場合、「大事なリソースはすべて社内にあったため、社内ネットワークとインターネットの間に設置されるファイアウォールの内側と外側を基準にしてセキュリティ対策を行いましょう」という考え方が主流でした。このようなセキュリティ対策モデルを境界防御と呼びます。

しかし、近年ではMicrosoft Azureに代表されるようにクラウドサービスを活用したり、クライアントデバイスも社外で利用したりする機会が多くなりました。このようなケースでは境界防御で抜け漏れなくセキュリティ対策を行うことができないため、それに代わるセキュリティ対策が必要とされています。

そこで登場したセキュリティ対策のモデルがゼロトラストです。

ゼロトラストはクライアントデバイスやリソースの場所がどこであるかに関わりなく、リソースへのアクセス時に信頼できるデバイスからのアクセスであるかを毎回検証し、それに基づいてアクセスの可否を決定します。前のトピックで登場した条件付きアクセスは、ゼロトラストの考え方に基づいて作られたサービスで、クラウドサービス（リソース）へのアクセスに信頼できるユーザー、デバイス、IPアドレスであるかなどをチェックし、その結果に基づいてアクセス許可を決定しています。

(2) 多層防御

Microsoft Azureでセキュリティ対策を行う目的の1つにAzureに保存されたデータの保護があります。

データの保護といえば、ファイルを暗号化する、アクセス許可を設定して特定ユーザーだけがアクセスできるようにする、などがありますが、いずれかの

セキュリティ対策を選択するのではなく、複数のセキュリティ対策を組み合わせていく方法がセキュリティ対策の基本とされています。特定のセキュリティ対策が攻撃によって破られた場合でも、別のセキュリティ対策を同時に行っていることによって攻撃を防ぐ確率を上げられるからです。

　このように複数のセキュリティ対策を組み合わせて実施し、あらゆる攻撃に対応していくセキュリティ対策の考え方を多層防御と呼びます。

　多層防御で組み合わせるセキュリティ対策は、コンピューターシステムの構成要素を基準に、それぞれの要素で行うべきセキュリティ対策を考えています。

　構成要素となる各階層は、次の通りです。

▼多層防御で防御する各階層

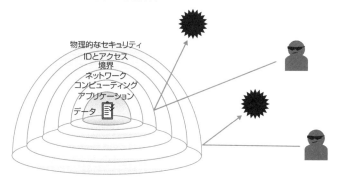

・物理的なセキュリティ

　データセンターやコンピューターのハードウェアなどに物理的にアクセスさせないセキュリティ対策です。Microsoft Azureを利用する場合、マイクロソフトの責任において行うセキュリティ対策になります。

・IDとアクセス

　IDとアクセスは認証と認可とも表現されるセキュリティ対策の分野で、認証はユーザー名／パスワードなどを利用して行う本人確認、認可はアクセス許可設定に基づいてアクセス可能な範囲を制御するサービスです。認証と認可を正しく設定することによって、適切なユーザーが適切なファイル等にアクセスできるようになります。

・境界

　境界とは、ネットワークの境界のことで、具体的にはインターネットと

Microsoft Azureの仮想ネットワークとの境界に対して行うセキュリティ対策を指します。具体的には後述するファイアウォールやDDoS攻撃対策が境界のセキュリティ対策にあたります。

・ネットワーク

　仮想マシンが他のコンピューターと通信する際のアクセス制御がネットワーク分野のセキュリティ対策になります。具体的にはIPアドレスやポート番号を指定し、特定の通信だけを許可するような設定を行って、セキュリティ対策を実装します。

・コンピューティング

　Azure仮想マシンそのものに対するセキュリティ対策で、OSに対して一般的に行うセキュリティ対策がこの分野で必要となるセキュリティ対策になります。具体的にはOSに対して設定する更新プログラム（パッチ）の適用やウイルス対策ソフトによる保護などが挙げられます。

・アプリケーション

　Azure仮想マシン上で動作するアプリケーションに対するセキュリティ対策で、具体的にはアプリケーションのパッチ管理やアプリケーションそのもののセキュアな開発、アプリケーション間での安全な通信手法の確立などが挙げられます。

・データ

　仮想マシンやストレージに保存されているデータ、SaaSアプリ経由で保存されているデータに対するアクセス制御を行い、適切に保護されるように行うセキュリティ対策がこの分野で行うセキュリティ対策になります。

　以上のような、それぞれの分野で行うセキュリティ対策を通じてセキュリティ対策の原則である、機密性、完全性、可用性を高めていくことがMicrosoft Azureにおけるセキュリティ対策でも基本的な考え方になります。

> **注意**
> 　多層防御の考え方はAZ-900の試験範囲になりますが、それぞれの階層で行うべき具体的なセキュリティ対策については必ずしも試験範囲であるとは限りません。後続の節で扱う分野が試験範囲と考え、試験対策に取り組んでください。

10 ロールベースのアクセス制御

　ロールベースのアクセス制御（RBAC：Role-based access control）とは、Azure
リソースに対するアクセス制御機能で、認められたユーザーにのみリソースの
実行や管理を許可することができます。

（1）ロール

　Microsoft Azureで仮想マシン、Webアプリ、ストレージサービス、SQLデータ
ベースなどのリソースを運用するとき、管理者がリソースを管理するときに行
うアクションとして、仮想マシンを開始する、停止する、などの操作がありま
す。こうした操作をアクションと呼びますが、誰にどのアクションを実行する
権限を割り当てるかを考えた場合、その設定は面倒なものになります。
　そこで、管理者が行うアクションをひとまとめにし、管理者に割り当てしや
すくする運用が可能になっています。このとき、ひとまとめにしたアクションを
ロールと呼びます。

▼アクションとロール

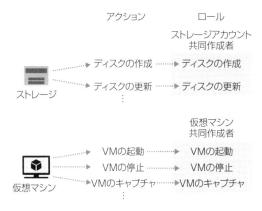

(2) スコープ

Azureリソースの管理範囲であるスコープには、管理グループ、サブスクリプション、リソースグループ、リソースの4つがあります。

▼スコープ

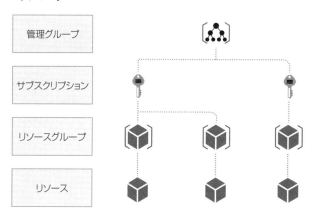

RBACでは、スコープをロールと組み合わせることによって、どのようなアクションをどの範囲で操作できるかを定義できます。

たとえば、サブスクリプションAで仮想マシンの管理ができる管理者を定義したいとします。その場合、仮想マシンのアクションをまとめたロールを作成しておき、そのロールをサブスクリプションAに関連付けし、さらに管理者となるユーザーを関連付けすることで管理者の定義が実現します。

(3) 継承

特定のスコープでロールの割り当てを行った場合、その割り当ては下位のスコープに対して自動的に反映されます。

たとえば、サブスクリプションAで仮想マシンの管理を行えるロールを割り当てた場合、サブスクリプションAの中にあるすべてのリソースグループに対する仮想マシンの管理ロールが割り当てられた状態になり、管理ができるようになります。

以上のようにRBACはリソースのアクセス権限について、誰に、何を、どの範囲で割り当てるアクセス制御方法といえます。

11 Microsoft Defender for Cloud

Microsoft Azureではさまざまなサービスを実装し、運用することができます。しかし、それぞれのサービスに対して必要なセキュリティ対策をバラバラに実装しなければならない場合、その運用は非常に複雑なものになります。そこで、Microsoft Azureではサービスに対して必要なセキュリティ対策を一元的に管理できるようになっています。このサービスをMicrosoft Defender for Cloudと呼びます。

Microsoft Defender for Cloudは、AzureやAWSなどのクラウド仮想マシンやオンプレミスのサーバー、そしてAzureで提供されるPaaSの各サービスの情報を取り込み、それぞれの状態監視や可視化を行い、セキュリティに関するアドバイスを行います。

▼Microsoft Defender for Cloudのアーキテクチャ

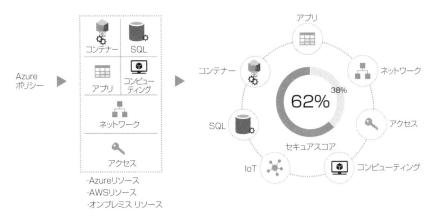

Microsoft Defender for Cloudは、①セキュリティ態勢の確認とそれに基づく推奨事項の提示、②規制コンプライアンスによる各種法令への順守状況の可視化、③ワークロード保護によるリソースの監視と脅威検出時のアラート出力、の3つのサービスから構成されます。これらのサービスは無償のサービスとして提供されるものと有償のサービスとして提供されるものに分かれます。

（1）セキュリティ態勢

　セキュリティ態勢はCSPM（Cloud Security Posture Management）とも呼ばれ、Microsoft Defender for Cloudの無償のプランで提供されます。セキュリティ態勢ではMicrosoft Azureに登録された仮想マシンやApp Service、ストレージアカウントなどのPaaS系サービスの監視を自動的に開始します。そのため、監視のための事前設定を行う必要がありません。

　一方、Amazon Web Services（AWS）やGoogle Cloud Platform（GCP）のリソースを監視対象とする場合、これらのサービスへの接続設定を事前に行う必要があります。

　また、オンプレミスのサーバーを監視対象とする場合、専用のエージェントを事前にインストールし、監視できるように構成する必要があります。

　監視の結果は、Microsoft Azure管理ポータル画面の[Microsoft Defender for Cloud]からアクセスできます。Microsoft Defender for Cloud画面では、[セキュリティ態勢]をクリックするとサブスクリプションごとの推奨事項、[推奨事項]をクリックするとすべてのサブスクリプションでの推奨事項をまとめて参照できます。

▼Microsoft Defender for Cloud-推奨事項画面

また推奨事項はセキュアスコアと呼ばれるセキュリティの対応状況の点数でも示されます。たとえば、左ページの画面ではセキュアスコアが24%と表示されていますが、残りの76%について推奨事項で示される内容に基づいて対応することでセキュアスコアを向上させることができます。

(2) 規制コンプライアンス

Microsoft Defender for Cloud画面からアクセス可能な[規制コンプライアンス]ではNIST、CIS、PCI-DSSなどの業界標準から作られたMicrosoftクラウドセキュリティベンチマークと呼ばれるフレームワークに基づき、各リソースのフレームワークへの対応状況を一覧で参照できます。セキュリティ態勢の推奨事項と同様にフレームワークに準拠していない項目があれば、具体的に行うべき作業を推奨事項と同じように案内します。

▼ Microsoft Defender for Cloud-規制コンプライアンス画面

(3) ワークロード保護

　セキュリティ態勢や規制コンプライアンスでは、Azureリソースを対象とする状態の監視と推奨事項の案内を行っていました。これに対して、ワークロード保護ではリソース内部のスキャンを行い、その結果に基づいてセキュリティ脅威に関するアラートを出力したり、アラートをトリガーにしてロジックアプリを実行したりして脅威への対応を自動化することができます。

▼Microsoft Defender for CloudによるSQLインジェクション攻撃の可能性を示すアラート

　ワークロード保護はMicrosoft Defender for Cloudの有償のサービスとして提供されるため、利用する場合には事前にリソースを登録する必要があります。このときに登録された状態をカバレッジと呼び、リソースがカバレッジ対象となるとそれぞれのリソースに対するセキュリティ機能がMicrosoft Defender for xxxxとして実装されます。

　たとえば、Azure仮想マシンの場合、Microsoft Defender for Serversと呼ばれるサービスが実装され、このサービスを通じてマイクロソフトのEDRサービ

スであるMicrosoft Defender for Endpointによる監視を行えるようになったり、Just In Time VMアクセスを利用して一定期間のみ仮想マシンへのRDP接続を許可させるなどの追加セキュリティ機能が利用できたりします。

12 Microsoft Sentinel

Microsoft Sentinelは、SIEM (Security Information and Event Management) と呼ばれる機能の一種で、さまざまなサーバーやサービスのログを収集・分析し、セキュリティインシデントの検出時には、アラートを出力して管理者にインシデント (セキュリティ上の事故) を通知します。

▼Microsoft Sentinelによるインシデントの検出画面

また、インシデント発生時には単純に通知を行うだけでなく、あらかじめMicrosoft Sentinelの中で用意されたデータベースに基づきインシデント内容の調査やインシデントへの対処を自動的に行うことで、セキュリティ運用を自動化することができます。このようなセキュリティ運用を自動化するサービスを一

般的に SOAR（Security Orchestration, Automation and Response）と呼びます。

つまり Microsoft Sentinel はログ収集と検出を担当する SIEM としての役割と、収集したログからインシデントの調査と対処の自動化を担当する SOAR としての役割を持つサービスといえます。

▼ Microsoft Sentinel処理のステップ

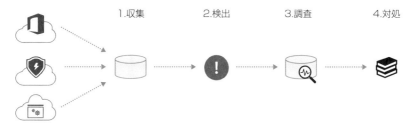

前の項で解説した Microsoft Defender for Cloud はセキュリティインシデントの防止を目的としたサービスであったのに対して、Microsoft Sentinel はインシデントの検出や対応を目的として利用する点が異なります。

13 | Azure Key Vault

Azure Key Vault は、Azure のリソースにアクセスするために必要な証明書やパスワード、API アクセスに必要なシークレットキーなどの重要な情報を安全に格納するためのサービスです。

通常、証明書はファイルとして、パスワードは文字列ベースのデータとして情報を保持しています。しかし、これらの情報はコピーする、盗み見られるなどの方法によって漏えいし、不正に使われる可能性があります。

そこで、Azure Key Vault ではこれらの情報を Azure Key Vault 内のコンテナーと呼ばれる領域でデータを格納しておきます。そうすることで、コンテナーに関連付けられたアクセスポリシーで定められたアクセスのみを許可し、不正アクセスを防ぐことができます。

▼Azure Key Vault全体の構成

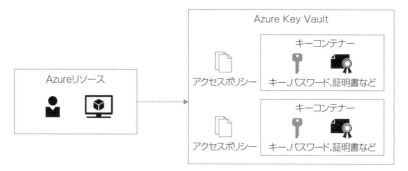

アクセスポリシーでは、コンテナーに格納された証明書やパスワードなどのコンテンツへのアクセス権を定義します。アクセス権はどのAzureリソースからアクセスすることを許可するか、などを定義します。

たとえば、コンテナーに格納されたパスワードをAzure仮想マシンが利用する場合であれば、Azure仮想マシンからのみコンテナーへのアクセスを許可するように構成します。

14 Azure専用ホスト

Azure専用ホストとは、Microsoft Azureのサブスクリプションに対して、特定のデータセンター内の物理サーバーを割り当てて利用するサービスです。Azure仮想マシンを特定の物理サーバーに割り当てることで、他のAzure仮想マシンが同じ物理サーバーに割り当てられることがないため、Azure仮想マシンを別々の物理サーバーで動作させることができます。

演習問題3-4

問題1. ➡解答　p.167

IDとパスワードだけに頼らず、複数の認証機能を利用してサインインを行う方法を何と呼びますか？

A. ID
B. 多要素認証
C. ロール
D. 条件付きアクセス

問題2. ➡解答　p.167

あなたの会社では、あなたを新しく管理者として任命することになりました。管理者権限を割り当てるために次のような操作を行いました。この操作により管理としての権限を割り当てることはできるでしょうか？

行った操作：Microsoft Entra Identity Protectionを利用してグローバル管理者としてのロールを割り当てた。

A. はい
B. いいえ

問題3. ➡解答　p.167

あなたの会社では、セキュリティの向上を目的として、管理者となるユーザーだけ多要素認証の利用を強制することになりました。この要件を実現するためにMicrosoft Entra IDでどのような操作を行えばよいでしょうか？

A. Microsoft Entra Identity Protectionを設定する

B. ロールの割り当てを行う

C. Microsoft Authenticatorアプリをスマートフォンにインストールする

D. 何も行う必要はない

問題4.

→解答　p.168　

あなたは普段の業務で、クラウドサービスへのアクセスをMicrosoft Entra ID経由で行っています。普段、Microsoft Entra IDへの認証は日本国内から行っていますが、ある日別の国からの認証がありました。今後、このような認証があった場合、管理者にメールで通知されるようにしたいと考えています。この場合、どのような設定を行えばよいでしょうか？

A. Microsoft Entra Identity Protectionのアラート設定を行う

B. Microsoft Entra Privileged Identity Managementでアラート通知対象となるユーザーに対するロール割り当てを行う

C. アラート通知対象となるユーザーに対する多要素認証を有効化する

D. 条件付きアクセスを設定する

問題5.

→解答　p.168　

あなたの会社では、セキュリティの向上を目的として、管理者となるユーザーに永続的にロールが割り当てられないように構成することになりました。この要件を実現するためにMicrosoft Entra ID P2を購入し、Microsoft Entra Privileged Identity Managementを有効化しようとしましたが、必要な設定を行うことができませんでした。どのような設定を行い、この問題を解決すればよいでしょうか？

A. Microsoft Entra IDの管理ツールで事前にロール割り当てを行う

B. 多要素認証を設定する

C. Microsoft Entra Identity Protectionでアラート出力の結果に基づく条件付きアクセス設定を行う

D. 条件付きアクセスで事前にポリシーを作成する

問題6.

➡解答　p.168

Microsoft Entra IDに格納されたユーザープロファイル情報を取得し、Web
アプリケーションの中で「ようこそ〇〇さん」と表示されるように連携を行いた
いと考えています。このとき、Webアプリケーションはどのサービスと連携す
るように設定すればよいでしょうか？

A. Microsoft Entra ID

B. Microsoft Entra Connect

C. 条件付きアクセス

D. Microsoft Entra Identity Protection

問題7.

➡解答　p.168

あなたの会社では、業務で使用するクラウドサービスへのアクセスは
Microsoft Entra IDを経由することでシングルサインオンを実現するように構
成しています。このとき、機密性の高いデータを保管するクラウドサービスに
アクセスするときだけ事前に多要素認証を行うように構成したいと考えていま
す。このとき、どのサービスを利用して実現すればよいでしょうか？

A. Microsoft Entra Privileged Identity Management

B. Microsoft Entra Identity Protection

C. Microsoft Entra Connect によるシームレスシングルサインオン

D. 条件付きアクセス

問題8.

➡解答　p.169

Microsoft Entra IDユーザーに対して、特定のサブスクリプションに対する
共同管理者としての権限を割り当てる場合、どの機能を利用して割り当てれば
よいでしょうか？

A. Microsoft Entra Identity Protection

B. ロールベースのアクセス制御

C. Azure Policy

D. タグ

問題9.
→解答　p.169　

Microsoft Azureに作られた仮想マシンに対して一定期間のみ管理者による RDP接続を許可するように構成する必要があります。この場合、どの機能を利用して実現すればよいでしょうか？

A. Microsoft Entra Identity Protection

B. ロールベースのアクセス制御

C. Microsoft Defender for Cloud

D. Microsoft Sentinel

問題10.
→解答　p.170　

Microsoft Entra IDに生成されたログに対する詳細なクエリを実行し、セキュリティ侵害を検出する必要があります。この場合、どの機能を利用して実現すればよいでしょうか？

A. Microsoft Entra Identity Protection

B. ロールベースのアクセス制御

C. Microsoft Defender for Cloud

D. Microsoft Sentinel

問題11.

➡解答　p.170

あなたの会社で契約するMicrosoft Azureテナントにおける、セキュリティ対応状況を把握する必要があります。このとき、どのサービスを利用することが適切ですか？

A. Microsoft Entra IDサインインログ

B. Azure Monitor

C. Microsoft Defender for Cloud

D. Azure Service Health

問題12.

➡解答　p.170

あなたの会社では、Microsoft Entra IDに連携するように実装したSaaSアプリケーションがあります。このアプリケーションへのアクセスログを確認したところ、ダークウェブと思われるIPアドレスからのアクセスがあることが確認できました。今後、同様のアクセスがあったときには多要素認証を強制するように構成したいと考えています。このときに有効なサービスはどれでしょうか？

A. Microsoft Entra Privileged Identity Management

B. Microsoft Entra Identity Protection

C. Azure ポリシー

D. Microsoft Defender for Identity

解答・解説

問題1.
➡問題 p.162

解答 B

多要素認証はID／パスワードの他に携帯電話を利用して本人確認を行う、複数の要素を利用した認証方法です。

問題2.
➡問題 p.162

解答 B

Microsoft Entra Identity Protectionは、不正アクセスを検出するためのサービスであり、ロールの割り当てを行うことはできません。ロールの割り当てはMicrosoft Entra IDの管理ツールから永続的な割り当てを行うか、Microsoft Entra Privileged Identity Managementを利用して一時的に利用可能なロールの割り当てを行うかのいずれかになります。

なお、本問に登場するグローバル管理者のロールは、Microsoft Entra IDに関わる、すべての操作が可能なロールです。特定の操作だけを行うことが決まっているのであれば、Exchange管理者、Teams管理者、ユーザー管理者、アプリケーション管理者など、特定の管理権限だけを割り当てることも可能です。

問題3.
➡問題 p.162

解答 D

2019年10月以降にMicrosoft Entra IDを新規作成した場合、セキュリティ既定値群の設定により既定で管理者ロールが割り当てられたユーザーに対する多要素認証が自動的に有効になるため、Microsoft Entra IDで行う操作は何もありません。

一方、管理者ユーザーは、多要素認証を利用開始できるようアプリのインストールまたは携帯電話番号の登録を行う必要があります（なお、問題文ではMicrosoft Entra IDで行う操作とは何か？という問いなので、アプリのインストールは不正解です）。

問題4. ➡問題　p.163

解答　A

Microsoft Entra Identity Protectionでは、普段と異なる認証があった場合、そのアクセスに対してアラートを出力し、管理者への通知することができます。また、Microsoft Entra Identity Protectionでは、条件付きアクセスと組み合わせて利用することにより、アラートを出力するような認証があった場合に多要素認証を強制したり、アクセスそのものをブロックしたりすることができます。

問題5. ➡問題　p.163

解答　B

Microsoft Entra Privileged Identity Managementを利用する場合、ロールを割り当てるユーザーに対して事前に多要素認証が有効化されていることが前提条件になります。有効化できない場合には多要素認証の設定を先に行ってください。

一方、Microsoft Entra IDの管理ツールでロール割り当てを行った場合、永続的なロール割り当てになるため、問題文にある要件を満たせません。

問題6. ➡問題　p.164

解答　A

Microsoft Entra IDでは、OAuth 2.0プロトコルに対応しているWebアプリケーションと連携し、API経由で各種データの受け渡しを行うことができます。この連携を行うためには事前にWebアプリケーションをMicrosoft Entra IDに登録する必要があります。Microsoft Entra IDへの登録を行うことで連携ができるだけでなく、APIで取得可能なデータの種類などのアクセス許可設定も同時に定義できます。

問題7. ➡問題　p.164

解答　D

条件付きアクセスは、特定のクラウドサービスにアクセスするときの条件を

設定するためのサービスで、IPアドレスやドメイン参加しているデバイスであるか、などの条件に基づいてアクセス制御を行うことができます。

こうした条件設定の1つに多要素認証があり、これを設定することで多要素認証に成功した場合だけクラウドサービスへのアクセスを許可するように構成できます。

なお、「C. Microsoft Entra Connectによるシームレスシングルサインオン」とは、Active Directoryにサインインしたユーザーが Microsoft Entra ID にシングルサインオンできるサービスのことで、多要素認証の利用には全く関係のないサービスです。

3

問題8.   ➡問題 p.164

| 解答 | **B**

ロールベースのアクセス制御 (RBAC) は、管理者として行うアクションをひとまとめにしたロールと、ロールを割り当てる範囲を定義したスコープから構成されます。スコープにはサブスクリプションを指定することができるため、問題の解答として適切な選択肢になります。Azure Policy は、特定の項目に対する設定の制御機能であり、サブスクリプションの単位でアクセス制御を行うために利用する機能ではありません。

問題9.   ➡問題 p.165

| 解答 | **C**

Microsoft Defender for Cloud は、Microsoft Azure をはじめとするリソースに対するセキュリティ態勢の監視を行うサービスです。また有償契約を結ぶことにより、リソースの監視だけでなく脅威を検出してアラートを出力したり、リソース単位で固有の追加セキュリティ機能を提供したりします。Azure 仮想マシンの場合、Microsoft Defender for Servers と呼ばれる追加セキュリティ機能を通じて一定期間のみ仮想マシンへの RDP 接続を許可させる Just In Time VM アクセスが利用可能になります。

問題10. ➡問題　p.165

解答　D

　Microsoft Sentinelは、SIEMのサービスとしてMicrosoft Azureからリソースを作成して利用できます。Microsoft Sentinelではさまざまなサービスで提供されるログを収集することにより、クエリを実行して詳細な分析を行うことができます。

問題11. ➡問題　p.166

解答　C

　Microsoft Defender for Cloudは、Microsoft Azureに作られたリソースに対して脆弱性がないか、設定上の不備がないかを確認するサービスです。これらの不備はセキュアスコアとして数値化されて表示されます。満点のスコアではない場合には具体的にどのようなセキュリティ対策が必要であるかを確認できます。

問題12. ➡問題　p.166

解答　B

　Microsoft Entra Identity Protectionはダークウェブや普段使用しないIPアドレスからのサインインなどを検知し、アラートを出力します。またMicrosoft Entra Identity Protectionのポリシー（条件付きアクセス）と組み合わせて同様のアクセスがあったときにサインインをブロックしたり、多要素認証を強制したりすることができます。なお、Microsoft Entra Identity Protectionでアラートが出力した場合、条件付きアクセスからアクセスを制限するように構成することも可能です。

第4章

Azureの管理とガバナンス

4-1 Azureでのコスト管理

この節ではMicrosoft Azureを利用するにあたり、発生するコストを把握し、予算に合わせたサービスの利用を計画する方法について学習します。

1 Azureのコストに影響する可能性がある要因

Microsoft Azureでは利用したサービスの種類と量によって課金が発生するモデルが採用されています。

(1) リソースの種類

仮想マシンやApp Serviceなど、Azureの中で提供する各リソースは作成し、利用することで課金が発生します。それぞれのリソースは作成時に選択した設定、実行時間や回数などから課金される額が決定します。

たとえば、仮想マシンの場合、主に次の要素から課金される額を決定しています。

- リージョン
- OS種類
- インスタンス（CPUコア数、メモリサイズ、一時ストレージサイズ）
- 実行時間

一方、ストレージアカウントの場合、主に次の要素から課金される額を決定しています。

- リージョン
- タイプ（BLOB, File, Tableなど）
- パフォーマンスレベル
- アクセス層
- 冗長性

以上のように、リソース作成時に指定する設定項目によって、課金される額

が変わります。

(2) サービス

　コストという文脈でサービスという言葉が表現される場合、それはAzureの契約・購入形態を表しています。Azureを新規に契約・購入する場合、次の3つの方法があります。

・Web

　Webサイトから直接契約し、利用開始する方法です。従量課金モデルで利用する場合や、無料試用版でお試しする場合、Microsoft Visual Studioに付属する利用枠で利用する場合など、多くのケースで使われる契約形態です。

・Enterprise Agreement

　ボリュームライセンスと呼ばれているライセンスの契約方法で、事前に設定した利用量に合わせたライセンスを事前に一括購入することで、利用開始できる契約形態です。

・CSP (Cloud Solution Provider)

　CSPと呼ばれるマイクロソフトのパートナー企業を通して契約を結び、Azureを利用開始する方法です。利用量に合わせた支払いが発生する従量課金モデルであることはWebから直接契約する場合と同じですが、CSPを通して契約することによって、構築や運用に関するサービスを同時に受けられるなどの特徴があります。

(3) 場所

　Azureでリソースを作成する場合、必ずリージョン（場所）を選択して作成します。このとき、どのリージョンを選択するかによって発生するコストが異なります。2023年10月現在、Azure仮想マシン（Windows OS、D2s v5インスタンス）を1か月間（730時間）実行した場合、それぞれのリージョンで次のような金額になります。

▼Azureのリージョン一覧と主なリージョンでの仮想マシン実行コスト

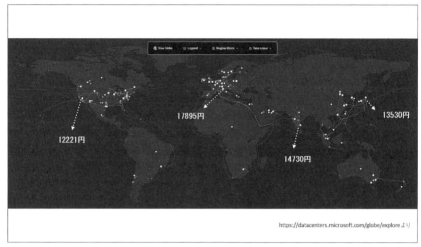

17895円

12221円

13530円

14730円

https://datacenters.microsoft.com/globe/explore より

（※料金計算ツールより。1円未満は四捨五入）
https://azure.microsoft.com/global-infrastructure/geographies/　より

　このように同じリソースでも、選択するリージョンによってコストの差が生まれます。そのため、金額の安いリージョンを選択すべきですが、ユーザーが実際にリソースを利用する場所から離れたリージョンを選択すると、それだけ通信の遅延が発生する点に注意してください。

（4）トラフィック

　Azureでは作成・使用するリソースとは別に、リソースにアクセスすることで発生する通信トラフィックに対して課金が発生します。

　Azureリソースと利用者との間で発生する通信には、Ingress（イングレス）と呼ばれるAzureにデータをアップロードする通信と、Egress（エグレス）と呼ばれるAzureからデータをダウンロードする通信があります。多くのリソースにおける通信の場合、Ingressの通信は無料に設定されており、Egressの通信に対してのみ課金が発生します。

▼Azureデータセンターとの間で発生する通信の種類

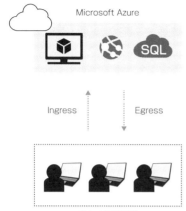

2　料金計算ツールと総保有コスト (TCO) 計算ツール

Azure利用に対して発生するコストは、リソースの種類、契約するサービスの種類、場所、トラフィックの4点から決まることを解説しました。これらの要素に基づいて実際に発生するコストを計算するツールとして料金計算ツールと総保有コスト (TCO) 計算ツールがあります。

(1) 料金計算ツール

仮想マシンやApp Serviceなど、Azureの中で提供する各リソースは作成し、利用することでコストが発生します。また、それぞれのリソースは作成時に選択した設定、実行時間や回数などから課金される額が決定します。

それぞれの選択肢をどのように選択することによって、どの程度のコストが発生するか事前に把握したい場合は、マイクロソフトのWebサイトにある料金計算ツールを利用します。

参考	料金計算ツール

https://azure.microsoft.com/ja-jp/pricing/calculator/

▼算出された予測コスト

たとえば、Azure仮想マシンを利用するためのコストを計算する場合、サイトから[仮想マシン]を選択し、リージョン、OSの種類、インスタンスの種類、仮想マシンの実行時間を指定します。すると発生する予測コストが算出されます。

(2) 総保有コスト（TCO）計算ツール

料金計算ツールはAzureリソースを利用することによって発生するコストそのものを計算するツールでした。それに対して総保有コスト（TCO）計算ツールはオンプレミスのサーバーで動作するリソースに対して発生するコストをMicrosoft Azureと比較してコスト削減の効果を測定します。

> **参考** 総保有コスト（TCO）計算ツール
> https://azure.microsoft.com/ja-jp/pricing/tco/calculator/
>

▼算出された総保有コスト

　総保有コスト計算ツールは、オンプレミスで動作するサーバー、データベース、ストレージのスペックや電力コスト、物理サーバーの管理に関わる人材のコストなどから総保有コストを算出し、Microsoft Azureのコストと比較することでMicrosoft Azureにサーバーを移行することによるコスト的な効果を判断することができます。

3 ｜ Microsoft Cost ManagementとBillingツール

　Microsoft Azureでは、Azureサブスクリプションにおけるリソースの利用状況と発生したコストに対する支払いを管理するための専用のメニューを用意しています。

(1) Microsoft Cost Management

　Azure管理ポータルでは、[コストの管理と請求]メニューとして提供されるMicrosoft Cost Managementは複数のツールから構成されており、Azure管理ポータルの[予算]メニューではAzureリソースを利用するための予算をあらかじ

め設定し、設定した予算に対する支出を把握することができます。一方、Azure
管理ポータルの[コスト分析]メニューでは、サブスクリプション全体で発生す
るコストの把握とコストがどこで発生しているかを分析できます。既定では、1
か月間で使用したリソースの量がサービス単位、場所単位、リソースグループ
単位でそれぞれ確認できます。

> 参考 **Microsoft Cost Management**
> https://portal.azure.com/#view/Microsoft_Azure_CostManagement
> /Menu/~/costanalysis
>

▼コスト分析メニュー

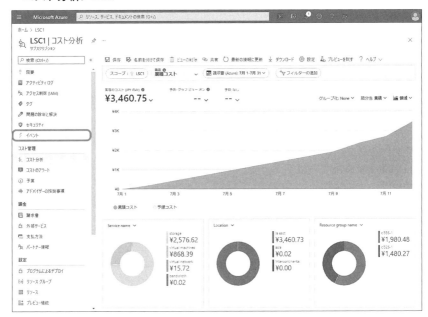

(2) Billing

Billingは請求に関わる全般の管理を行うことができるツールです。Azure管理
ポータルでは[コストの管理と請求]メニューで提供され、メニュー内では請求
書とその支払いの管理、そして請求対象となるアカウントを管理することがで
きます。

参考 **Billing**

https://portal.azure.com/#view/Microsoft_Azure_GTM/
ModernBillingMenuBlade/~/AllBillingScopes

4 タグ

Microsoft Cost Managementでは、フィルターを利用して特定の単位でのコストを算出することができます。フィルターでは特定のサービス、場所、リソースグループの単位でのコストを表示できる他、タグを設定したリソースだけを表示させ、コストを算出させることもできます。

▼リソースグループ単位のコスト分析メニュー

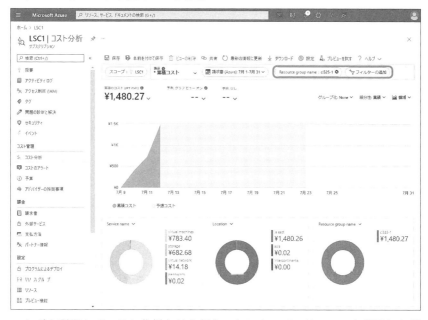

タグを利用してコスト分析などを行うことによって、リソースを利用した部署やプロジェクトなどを特定することができるため、それぞれの部署などで使用したコストを正確に算定することができます。

5 | お得なAzureリソースの利用

　従量課金モデルでAzureリソースを利用すれば、当然のことながら利用した分だけ課金が発生します。このような課金体系で利用する場合に比べてコストを抑えたAzureリソースの利用方法があります。それがAzureの予約とスポットです。

(1) 予約

　Azureリソースを長期的に利用することが確定している場合、1年分もしくは3年分のAzureリソースの使用量を事前に購入することができます。これにより最大72%の割引率でAzureリソースを利用できます。

　予約の設定はAzure管理ポータルの[予約]メニューから設定します。予約の設定が可能なリソースには、Azure仮想マシンの他、SQLデータベース、Azure BLOBストレージ、App Serviceなどがあります。

　たとえば、Azure仮想マシンのStandard D2s_v5インスタンス（東日本）は、1ヶ月あたり¥23,719.01の課金が発生しますが、3年分の予約を行うことで1ヶ月あたり¥15,275.70で利用できます（37%の割引率）。

(2) スポット

　Azureリソースは、一定のサービスレベル契約（SLA：SLAについては次の項で解説します）のもと、安定したサービス実行を保証しますが、スポットと呼ばれる契約ではSLAの保証を行わない代わりに、従量課金のコストに比べて最大90%の割引率でリソースを利用できます。

　スポットはAzure仮想マシンに対して利用可能で、仮想マシンの作成時に[Azureスポットインスタンス]を選択することで、スポットの契約で仮想マシンを作成し、利用することができます。

　たとえば、Azure仮想マシンのStandard D2s_v4インスタンス（東日本）は1ヶ月あたり¥23,719.01の課金が発生しますが、スポットを利用することで1ヶ月あたり¥2,379.04で利用できます（90%の割引率）。

6 サービスレベル契約

(1) Azureサービスレベル契約

私たちが業務で使用するシステムがMicrosoft Azureのリソースとして稼働している場合、データセンターのトラブルで利用できない時間帯があると業務に支障をきたします。そこで、マイクロソフトでは、一定の時間以上Azureのサービス稼働とサービスへの接続を保証することで、安心してAzureを利用できるような取り決めを契約の中に盛り込んでいます。このようなサービス稼働とサービスへの接続に関する取り決めをサービスレベル契約（SLA：Service Level Agreement）と呼びます。

SLAは稼働した時間を割合（パーセンテージ）にして表現します。

たとえば、SLAを99%と表現する場合、1か月全体の時間を720時間とするならば、712.8時間（720×99%）以上の稼働を保証するという意味になります。なお、それぞれのSLAにおけるダウンタイム（サービスが稼働しなかった時間の割合）は、以下の通りです。

▼ダウンタイム

SLA	月間のダウンタイム
99%	7.2時間
99.9%	43.2分
99.95%	21.6分
99.99%	4.32分

Azureではサービスの種類ごとに異なるSLAを保証しており、Azure App Serviceの場合、99.95%の稼働（1か月あたり719.64時間以上の稼働）を保証します。それぞれのサービスにおけるSLAについては、以下の「Service Level Agreements (SLA) for Online Services」をご覧ください。

参考 **Service Level Agreements (SLA) for Online Services**

https://www.microsoft.com/licensing/docs/view
/Service-Level-Agreements-SLA-for-Online-Services?lang=1

SLAは月間の単位で計算します。月間の稼働率がSLAで定めた割合を下回る

場合、サービスクレジットと呼ばれる値引きが適用されます。前述のAzure App Serviceの場合、月間稼働率がSLAで定めた99.95%を下回る場合は10%のサービスクレジット、99%を下回る場合は25%のサービスクレジットが適用されます。

(2) SLAに与える影響を与える要素

　SLAはAzureリソースをどのように実装するかによってパーセンテージが変わります。SLAに影響を与える要素として次のようなものがあります。

■サービス構成

　サービス構成とは、個々のAzureのサービスの中で設定可能なオプションのことを指します。第3章の3-1節（p.80）でも解説した可用性ゾーンは、Azure仮想マシンのサービス構成として選択可能なもので、可用性ゾーンを利用することで、リージョン内の存在する複数のデータセンターに分散して、Azure仮想マシンを稼働させます。そうすることで、1つのデータセンターで障害が発生しても、引き続きAzure仮想マシンを利用することができます。

　可用性ゾーンは、複数のデータセンターを同時に利用するため、データセンターごとに独立して保有する電源、冷却装置、ネットワークを利用できるメリットがあります。

　サービス構成には、可用性ゾーン以外にも、Azureストレージにおける冗長ストレージ（異なるディスクに3回データをコピーするサービス）などがあります。

■冗長構成

　冗長構成は、自身でAzureのサービスを複数実装することで可用性を高める構成です。たとえば、Azure App Serviceを利用してWebサイトを構築する場合、Azure App Serviceを2つ作成し、Webサイトを運用します。そうすることで、片方のWebサイトに障害が発生しても、引き続きWebサイトへのアクセスが可能になります。

▼Azure App Serviceの冗長構成

Azure App Serviceでは、99.95%のSLAを提供しますが、複数のサービスを実装することで稼働率はさらに高めることができます。「複数のサービスのどちらか片方が動作していればよい」という構成における実質的なSLAは、以下のように計算します。

100％－（サービス1のダウンタイム × サービス2のダウンタイム）

Azure App Serviceでは99.95%（0.9995）のSLAですので、ダウンタイムは1－0.9995 ＝ 0.0005 ＝ 0.05%となります。そのため、実質的なSLAは次のようになります。

100％－（0.05% × 0.05%）＝ 99.999975%

ご覧のようにサービスを複数実装して冗長構成にすることで、SLAは99.95%から99.999975%に高めることができたことがわかります。

■複数のサービス利用

Azure App Serviceを利用してWebサイトを構築する際、バックエンドでSQL Databaseが動作していたとします。この場合、App ServiceとSQL Databaseは同時に稼働していなければなりません。

▼Azure App ServiceとSQL Databaseの並行運用

この構成における実質的なSLAは、以下のように計算します。

サービス1のSLA × サービス2のSLA

Azure App ServiceのSLAは99.95%、SQL DatabaseのSLAは99.95%（1つのレプリカを持つ場合のSLA）ですので、実質的なSLAは次のようになります。

99.95% × 99.95% ＝ 99.900025%

ご覧のようにサービス単体で動作する場合の99.95%から99.900025%にSLAが下がったことがわかります。このように複数のサービスを組み合わせて利用する場合はSLAが下がるため、前述の冗長構成などを組み合わせて利用することを検討してください。

■無償のサービス利用

SLAはAzureのサービスのうち、有償で提供されるサービスのみが対象であり、無償のサービス（Freeレベルで提供されるAzure App Serviceなど）はSLAの対象外になります。

(3) サービスのライフサイクル

時代の変化とともにクラウドサービスに求められるサービスも変化します。Azureでは常に新しいサービスの開発を行い、開発が完了し、利用可能になったサービスは、いち早く提供することで時代のニーズに合わせたサービスを提供できるようにしています。

■プレビュー

利用可能になったサービスは、プレビューと呼ばれる状態でサービスの提供を開始します。プレビューは、正式リリースされたときに備えて、いち早くテストを行いたい場合に利用します。テストを行うことで最新の機能の評価を行ったり、テスト結果をマイクロソフトにフィードバックしてサービスの改善に反映させたりすることができます。

プレビューには、パブリックプレビューとプライベートプレビューがあり、パブリックプレビューはAzure契約者であれば誰でも利用可能なプレビュー、プライベートプレビューは一部のユーザーに限定して公開するプレビューです。

　プレビューは本番環境での運用での利用ではなく、テスト目的での利用を想定しているため、主に次のような制約があります。

・SLA の規定なし

・特定のリージョンのみで提供される場合あり

・正式なリリース時に比べて提供されるサービスが限定される場合あり

・価格が変更される場合あり

・サービスそのものが提供されなくなる場合あり

　以上の制約を理解した上でプレビュー機能を利用する場合、Azure ポータルサイトの中から[プレビュー]と書かれたサービスを選択するか、またはプレビュー用 Azure ポータルサイトにアクセスして利用することができます。

・プレビュー用 Azure ポータルサイト

https://preview.portal.azure.com

■General Availability

　GA とも呼ばれる General Availability は、プレビューでのフィードバックを受けて改善を行い、サービスが正式にリリースされた状態を表します。サービスが正式にリリースされたときに「GA された」のような呼び方をします。

　なお、正式にリリースされたサービスがその提供を終了する場合、12 か月前に利用者に対してサービス終了の通知を行います。

■更新情報を受け取る方法

　マイクロソフトが新しく開発したサービスや機能がプレビューで提供された情報、GA された情報、または今後の開発のロードマップに関する情報などは「Azure の更新情報」サイトより確認できます。

参考　**「Azure の更新情報」サイト**

https://azure.microsoft.com/ja-jp/updates/

▼Azureの更新情報Webサイト

(4)サポートプラン

　マイクロソフトでは、Microsoft Azureの円滑な運用を手助けするために複数の
サポートプランを用意しています。Microsoft Azureは検証用の環境として利用す
るのか、または運用環境で利用するのかによってサポートに求めることも異な
ります。そのため、それぞれのニーズに合わせた、次のようなサポートプラン
が用意されています。

■Basic

　Basicプランは、すべてのAzureサブスクリプションに付随するサポートプラ
ンで、主に次のようなサポートを提供します。

・請求およびサブスクリプション管理サポート
・マイクロソフトWebサイトによる学習コンテンツとコミュニティ
・Azure Advisorによるコストやセキュリティなどの推奨事項の提示
・データセンターの運用状況などの、Azure正常性の通知

■Developer

　Developerプランは、Basicプランと異なり、Azureサブスクリプションとは別
に購入(月額4,362.33円)し、利用できるサポートプランです。Basicプランのす
べてのサポートに加えて、主に次のようなサポートを提供します。

・サードパーティ製ソフトウェアとの相互運用に関わるサポート

・メールを利用したサポートリクエストによる問い合わせ（営業時間内のみ）

・重大度Cのサポートリクエストに対する8時間以内の初回応答

■Standard

　Standardプランは、Developerプランと同じく、Azureサブスクリプションとは別に購入（月額15,042.50円）し、利用できるサポートプランです。Developerプランのすべてのサポートに加えて、主に次のようなサポートを提供します。

・メールもしくは電話を利用したサポートリクエストによる問い合わせ（24時間対応）

・重大度Cのサポートリクエストに対する8時間以内の初回応答

・重大度Bのサポートリクエストに対する4時間以内の初回応答

・重大度Aのサポートリクエストに対する1時間以内の初回応答

■Professional Direct

　Professional Directプランは、Azureサブスクリプションとは別に購入（月額150,425.00円）し、利用できるサポートプランです。Standardプランのすべてのサポートに加えて、主に次のようなサポートを提供します。

・重大度Cのサポートリクエストに対する4時間以内の初回応答

・重大度Bのサポートリクエストに対する2時間以内の初回応答

・重大度Aのサポートリクエストに対する1時間以内の初回応答

・APIによるサポートリクエストの作成

・Azureオペレーションのサポート

（以上、価格は2024年3月現在）

　以上のように、それぞれのサポートプランには多くのサービスの違いがありますが、特にサポートリクエストによる問い合わせの有無や、問い合わせに対する応答時間に大きな違いがあります。

　また、以上のサポートプランの他、大規模企業における重要なビジネスを遂行する際に利用可能なPremierプランがあり、PremierプランではProfessional Directのサポートプランに加えて、専属の担当者を立てた運用が可能になります。

演習問題 4-1

問題 1.

➡解答　p.191　

　Microsoft Azureの契約形態のうち、ある程度まとまったリソースを利用することが確定している場合に、利用可能な契約形態はどれですか？

A. CSP
B. ExpressRoute
C. Enterprise Agreement
D. スポット

問題 2.

➡解答　p.191　

　あなたの会社では、Azure仮想マシンを新規に作成することになりました。仮想マシンに接続するユーザーの多くは、日本国内からのアクセスになるとき、できる限りレイテンシーを少なくしてパフォーマンスの高いアクセスを実現したいと考えています。このときに考慮すべきAzure仮想マシンの構成要素はどれですか？

A. インスタンス
B. リージョン
C. アクセス層
D. スポット

問題 3.

➡解答　p.192　

　Azure仮想マシンの通信に対して発生する課金体系に関する説明として、次の説明は正しいでしょうか？

説明：Azure仮想マシンに対するIngressのデータ転送に関してはGB単位でのデータ転送コストが発生する。

A. はい
B. いいえ

問題4.　　　　　　　　➡解答　p.192　☑☑☑

あなたの会社では、Azure仮想マシンを利用するにあたり、毎月発生する請求金額の予測を行い、会社で定めた予算の範囲でAzure仮想マシンを利用できるようにしたいと考えています。このときに利用量の予測を行うために適したツールはどれですか？

A. ポータルサイトの[コスト分析]メニュー
B. スポット利用
C. CSP経由でAzureの契約を締結する
D. 仮想マシン作成時に利用するインスタンスサイズを一定にする

問題5.　　　　　　　　➡解答　p.192　☑☑☑

Azureサブスクリプションにおいて月額利用料が100,000円を超える場合、管理者に通知を行うように構成するために適したツールはどれですか？

A. ポータルサイトの[コスト分析]メニュー
B. ポータルサイトの[予算]メニュー
C. ポータルサイトの[アドバイザーの推奨事項]メニュー
D. Enterprise Agreement契約

演
習
問
題

問題6.　　　　　　　　　　　➡解答　p.193　☑ ☑ ☑

あなたの会社では、Azure仮想マシンを利用して自社のサービスを提供しようとしています。このとき、SLAで規定される稼働率より高い稼働率で動作させたいと考えています。このとき、次の操作を行うことにより必要な要件を実現できるでしょうか？

行った操作：主に利用するユーザーが多い地域に近いリージョンを選択して仮想マシンを作成する。

A. はい
B. いいえ

問題7.　　　　　　　　　　　➡解答　p.193　☑ ☑ ☑

あなたの会社では、Azure App ServiceとAzure SQL Databaseを利用して自社のサービスを提供しようとしています。それぞれのサービスをひとつずつ実装し、App ServiceとSQL Databaseを接続させた場合、99.95%以上の稼働率で動作させることはできるでしょうか？なお、Azure App ServiceとAzure SQL DatabaseのSLAをともに99.95%という前提でお考えください。

A. はい
B. いいえ

問題8.　　　　　　　　　　➡解答　p.193　☑☑☑

パブリックプレビューに関する説明として、次の説明は正しいでしょうか？

説明：Webから直接契約したMicrosoft Azureを利用してパブリックプレビューを
　　　利用する。

A. はい
B. いいえ

4

解答・解説

問題1.　　　　　　　　　　➡問題　p.188

解答　C

Enterprise Agreementはボリュームライセンスとも呼ばれ、その名前が示す
通り、ある程度のまとまった（ボリュームのある）リソース利用が見込まれる場
合に、事前に一括購入して利用可能なAzureの契約形態です。

問題2.　　　　　　　　　　➡問題　p.188

解答　B

リージョンは、データセンターの場所を表すもので、多くのクライアントが
アクセスする場所から物理的に近いリージョンを選択することで、通信の遅延
（レイテンシー）を少なくすることができます。

なお、Cのアクセス層は、Azureストレージの保存方法に関する設定であり、
日本国内からのアクセスに最適化した設定とは言い難い解決策です。

問題3.　　　　　　　　　　　　　　　　　　　　　➡問題　p.188

解答　　B

　Azure仮想マシンに対するデータ転送コストは、Egress（Azure仮想マシンからの送信）に対してのみ発生します。データ通信量に合わせて発生する金額については、以下のマイクロソフトのWebサイトにて確認できます。

> **参考**　**帯域幅の価格**
> https://azure.microsoft.com/ja-jp/pricing/details/bandwidth/

問題4.　　　　　　　　　　　　　　　　　　　　　➡問題　p.189

解答　　A

　[コスト分析]メニューでは現在のサブスクリプションでリソースをどの程度利用しているかを確認し、会社で設定した予算の範囲の中でリソースが使われているかを確認できます。

　選択肢Dの「仮想マシン作成時に利用するインスタンスサイズを一定にする」方法も利用量の予測をしやすくなりますが、実際にはデータ通信やパブリックIPアドレスなど、仮想マシンそのものに対して発生するコスト以外のコストがあるため、利用量の予測をするための方法としては不十分です。

問題5.　　　　　　　　　　　　　　　　　　　　　➡問題　p.189

解答　　B

　[予算]メニューではあらかじめ月間の予算を定義し、その金額を超える場合、管理者に対して通知を行うように構成できます。

　ポータルサイトの[コスト分析]メニューや[アドバイザーの推奨事項]メニューも予算メニューと同じくMicrosoft Cost Managementとして提供される機能ですが、選択肢Aの[コスト分析]メニューは発生するコストの予測、選択肢Cの[アドバイザーの推奨事項]メニューはAzureリソース利用の費用対効果から推奨事項の定義を行うものであって、あらかじめ決められた金額を超えたとき

に通知を行うような機能ではありません。

問題6.　　　　　　　　　　　　　　➡問題　p.190

解答　　B

　ユーザーが多い地域に近いリージョンを選択することは、稼働率を高めるのではなく、通信遅延（レイテンシー）を低くするために効果的な設定です。

問題7.　　　　　　　　　　　　　　➡問題　p.190

解答　　B

　複数のサービスを連結し、利用する場合、すべてのサービスが同時に稼働しなければなりません。そのため、サービス全体におけるSLAは個々のサービスのSLAを掛け算した結果となります。それぞれのサービスのSLAは99.95%のため、99.95% × 99.95% ＝ 99.900025%となり、要件であるサービス全体のSLA（99.95%）を満たさないことがわかります。

　稼働率を高めるのであれば、サービスを複数実装し、冗長構成にするなどの対応が必要です。

問題8.　　　　　　　　　　　　　　➡問題　p.191

解答　　A

　パブリックプレビューは、契約形態に関わりなく、誰でも利用可能なサービスです。ただし、SLAの規定がないことや、サービスそのものが提供されなくなる可能性があるなど、正式なサービス（GAされたサービス）とは異なる点があります。

4-2 Azureのガバナンスとコンプライアンス機能およびツール

この節ではAzureで一貫性のある管理を行うために欠かせないガバナンス機能とコンプライアンス機能について解説し、その効用を学習します。

1 Microsoft Purview

Microsoft Purviewは、企業で扱うコンテンツに対するセキュリティやプライバシー、コンプライアンスに関わる各種機能を提供するサービス群で、Microsoft 365 E5などのライセンスから提供されます。サービスはMicrosoft Purview管理センター（https://compliance.microsoft.com）と呼ばれる専用のポータルサイトから管理を行うことができます。

▼Microsoft Purview管理センター

2 Azure Policy

3-4節で解説したロールベースのアクセス制御（RBAC）では、ユーザーによる
リソース管理が可能な範囲と操作を定義してアクセス制御を行いました。これ
に対して、Azure Policyは、Azureリソースの中にある特定の項目を、決められ
た設定になるように定義するものです。

たとえば、仮想マシンを作成する場合、RBACでは仮想マシンそのものの作成
の許可／拒否を定義します。それに対してAzure Policyでは仮想マシンを作成す
る際、特定のリージョンだけを選択して作成できるようになります。

▼RBACとAzure Policyの制御の違い

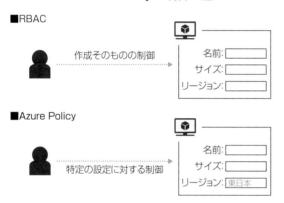

このようにAzure Policyでは、設定の定義を行うことによって、会社で定めた
ルールに沿ったAzureリソースの運用ができるようになります。

作成したAzure Policyは、作成した設定を適用する範囲を定義する必要があり
ます。適用範囲はRBACと同様に管理グループ、サブスクリプション、リソース
グループ、特定のリソースから指定することができます。

3 リソースロック

　仮想マシンやWebアプリなどのMicrosoft Azureに作られたリソースは、管理者による誤った操作などによって意図せず設定が変更されたり、リソースそのものが削除されたりする可能性があります。こうした問題を起こさないようにするためにAzureリソースではリソースロックを設定し、リソースに対する特定の操作を制限することができます。

　リソースロックは、管理グループ、サブスクリプション、リソースグループ、特定のリソースのいずれかの単位で、[読み取り専用]または[削除]の制限を設定できます。

▼リソースロックの設定画面

4 タグ

　Microsoft Azureに作成するリソースには、タグを設定できます。タグはタグの項目名と値をそれぞれ自由に設定でき、設定しておくことによって項目一覧から特定のタグをつけられたリソースだけを表示するなどの操作ができます。たとえば、部門ごとの利用料金をフィルタリングすることが可能です。

▼タグでフィルターを設定する前の仮想マシン一覧

▼タグでフィルターを設定した後の仮想マシン一覧

5 | Cloud Adoption Framework

　Cloud Adoption Framework（クラウド導入フレームワーク）は、企業で
Microsoft Azureを導入するにあたり、必要な作業の進め方をサポートするための
ガイダンスで、大まかに戦略の定義、計画、準備、導入の4つのステップから
構成されます。

①戦略の定義

　クラウドを導入する意義やビジネス上のメリットなどについて検討します。

②計画

　企業で保有するデジタル資産を把握し、クラウド化するための計画を策定し
ます。

③準備

　クラウドへ移行を行うにあたり、必要なスキルを獲得したり、クラウドへリソースを展開する順番（優先順位）を決定したり、展開に必要な準備を行ったりします。

④導入

　準備段階で定めた優先順位に基づいてAzureリソースの展開を行います。

　これらのガイダンスはマイクロソフトの下記のWebサイトより参照できます。

参考	クラウド導入フレームワークのガイダンス
https://learn.microsoft.com/ja-jp/azure/cloud-adoption-framework	

▼クラウド導入フレームワークのWebサイト

演習問題 4-2

問題 1.

➡解答　p.200　

Microsoft Entra IDユーザーに対して、特定のサブスクリプションに対する共同管理者としての権限を割り当てる場合、どの機能を利用して割り当てればよいでしょうか？

A. Microsoft Entra Identity Protection

B. ロールベースのアクセス制御

C. Azure Policy

D. タグ

問題 2.

➡解答　p.201　

あなたの会社では、東日本または西日本リージョンでのみAzure仮想マシンを作成するように運用したいと考えています。このとき、どのような方法でこのルールを実現すればよいでしょうか？

A. Azure Policyを利用してリージョンを指定する

B. 特定リージョンのロールのみをユーザーに割り当てる

C. リソースロックを利用してリージョンを指定する

D. タグを利用してリージョンを指定する

問題3.　　　　　　　　　　　　　　➡解答　p.201　

あなたの会社で管理するMicrosoft Azureでは、特定のリソースグループにおいて、東日本または西日本リージョンでのみAzure仮想マシンを作成するように運用したいと考えています。この運用を実現するために次の設定を行うことは作業として正しいでしょうか？

行った操作：Azure Policyを作成し、リソースグループに割り当てる。

A. はい
B. いいえ

問題4.　　　　　　　　　　　　　　➡解答　p.201　

あなたの会社では、Azure仮想マシンの作成を簡略化するために仮想マシンのイメージを作成し、運用しています。このとき、誤ってイメージの削除を避けるような運用を行いたいと考えています。このときに利用するAzureリソースおよびその設定として適切なものはどれですか？

A. タグを作成し、タグの名前としてCantDelと入力する
B. タグを作成し、タグの名前としてReadOnlyと入力する
C. リソースロックを作成し、削除の制限を設定する
D. Cloud Adoption Frameworkを利用して削除の制限を設定する

解答・解説

問題1.　　　　　　　　　　　　　　➡問題　p.199

解答　　B

3-4節で解説したロールベースのアクセス制御（RBAC）は、管理者として行うアクションをひとまとめにしたロールと、ロールを割り当てる範囲を定義したスコープから構成されます。スコープにはサブスクリプションを指定するこ

とができるため、問題の解答として適切な選択肢になります。Azure Policyは、特定の項目に対する設定の制御機能であり、サブスクリプションの単位でアクセス制御を行うために利用する機能ではありません。

問題2.

➡問題 p.199

解答 A

　リソースの特定の項目に対して、特定の値だけが設定できるようなアクセス制御を行いたい場合、Azure Policyを利用します。

　なお、ロールではリージョンの指定することができず、Azureリソースに対するアクションに対してのみロールの利用は可能です。

問題3.

➡問題 p.200

解答 A

　Azure Policyは、設定を適用する範囲として管理グループ、サブスクリプション、リソースグループ、特定のリソースから選択できます。

問題4.

➡問題 p.200

解答 C

　リソースロックは、特定のAzureリソースに対して削除もしくは書き込みの操作を制限するリソースで、問題文にある制限を行う場合には[削除]の制限を行います。また、書き込みの制限を行う場合には[読み取り専用]の制限を設定します。

　タグは、リソースの検索を行うときの条件として利用できる文字列であり、リソースのアクセス制限を目的に利用することはできません。また、Cloud Adoption Frameworkは、クラウド導入のためのガイダンスであり、それ自体はAzureの機能ではありません。

4-3 Azureリソースを管理および デプロイするための機能とツール

この節ではAzureを利用する際に必要となる管理ツールの種類とそれぞれ
のケースに合わせたツールの利用方法について学習します。

1 Azure Portal

Azureの管理ツールはGUIのツールとCUIのツールが用意されており、管理者
の利用シーンや好みによっていろいろなツールが利用できます。最もよく使わ
れる管理ツールはGUIの Azure Portal（Azure ポータル）で、グラフィカルで直感
的に利用が可能です。

▼ Azure Portal

Azure Portal は次のURLを利用してアクセス可能です。

https://portal.azure.com

Web ブラウザからアクセス可能で、Azureのほとんどの管理を行うことが可能

であり、日々新しい管理機能が盛り込まれています。また、レポートなどをグラフィカルに確認したい場合は、Azure Portalが最適です。基本的な作業を開始するときは、まずAzure Portalでリソースを作成すると、かんたんに状況が確認でき便利です。

■ Azure Portalの管理画面

Azure Portalで、Azureのリソースを管理可能ですが、リソースごとに細かい管理作業は異なります。ただし、基本的な構成は同一なるため、どのリソースでも基本的な情報の確認や管理は同じ管理項目を使って管理可能です。

▼ Azure Portalの管理画面

・概要

リソースの概要が確認できます。リソースの種類によって表示される項目は異なりますが、リージョン情報などはほとんどのリソースで表示されます。

・アクティビティログ

対象のリソースに対して、Azure Portalなどの管理ツールを利用して行った作業が確認できます。リソースの開始、停止、作成(デプロイ)などさまざまな情報が確認できます。

・アクセス制御(IAM)

リソースへのアクセス制御を管理します。誰がどのような操作ができるのかを定義します。

・タグ

リソースへのタグ付けを行い、リソースの整理やコスト管理の際のフィル

ターに利用します。

2 | Azure Cloud Shell／Azure PowerShell／Azure CLI

　Azure PortalによるGUIベースの管理ツール以外にもMicrosoft Azureではコマンドライン（CUI）ベースのツールとしてAzure Cloud Shell、Azure PowerShell、Azure CLIがあります。

（1）Azure Cloud Shell

　Azure Portalに接続後に利用できるコマンドラインツールです。Webブラウザから利用できるため、手軽にCUI環境を利用でき、利用者の好みに合わせてPowerShellとBashからシェルを選択することが可能です。Azure Portalの上の、以下の画面のアイコンをクリックすることで起動できます。

▼Azure Cloud Shell

GUI環境から手軽にコマンドが使えることで、CUI環境の利用にはOSへのインストールが必須であった環境を大きく変えました。しかし、セッションの制限があり、利用しない状態が20分間続くとタイムアウトするため、この点は注意が必要です。

(2) Azure PowerShell

Windows環境で使われているWindows PowerShellと同じ使用感で利用できるコマンドラインツールです。Windows、Linux、MacOSで利用することができますが、事前インストールが必要となる点は要注意です。また、多くのサンプルやノウハウが蓄積されているため、公開されている情報を利用して多くのAzureサービスの管理をかんたんに学習できます。

また、スクリプトとしてファイルの保存することで繰り返し作業を自動化することが可能です。

(3) Azure CLI

Azure PowerShellと同様のコマンドラインツールです。Linuxライクなコマンド利用ができるため、Linux環境に慣れた方はこのツールがコマンドラインツールとして適切です。Azure PowerShellとほぼ同様のことが可能でありCloud Shellでも利用可能です。

Windowsに慣れている方はAzure PowerShell、Linuxに慣れている方はAzure CLIというように使い分けが可能です。管理者の好みで分けることも可能です。

(4) Azure Mobile Apps（Azureモバイルアプリ）

Azureの管理の一部と、情報の確認に使えるスマートフォンのような小型端末用に作られたモバイルアプリです。iOS/Androidに対応しています。

以下の作業が可能です。
・Azureリソースの状態確認
・仮想マシンの起動や停止（再起動）
・Cloud Shellを利用した管理

▼ Azure Mobile Apps

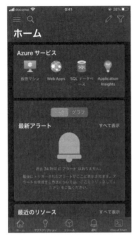 

　タブレットであれば、Webブラウザを利用したAzure Portalからさまざまな作業が可能であるため、特にスマートフォンのような小型の画面での操作をターゲットとしています。かんたんな仮想マシンの確認やアラートの確認が可能です。また、事前にスクリプトを用意した上でCloud Shellを利用して、それを実行することも可能であり、高度な処理も実現可能です。

3 ｜ Azure Arc

　Azure Arcは、オンプレミスやAWS、GCPなどのMicrosoft Azure以外のシステムにあるリソースをAzureで一元管理するためのツールです。Azure Portalの画面からさまざまなシステムで動作するサーバー（仮想マシン）やデータベースなどをまとめて管理できるようになります。Azure Arcで接続したリソースを管理するために利用できるAzureのサービスとして主に次のようなものがあります。
・Microsoft Defender for Cloud
・Azure Policy
・Azure Monitor
・Log Analytics
・Azure Update Manager

4 コードとしてのインフラストラクチャ(IaC)

IaC(Infrastructure as Code)とは、インフラストラクチャをコード形式で管理する方法です。インフラストラクチャのデプロイメントと管理を効率化することが可能となります。一般的にAzureを含めたICTの環境は、アプリケーションを動作させるためのインフラストラクチャが必要となります。

IaCのポイントを以下にまとめます。

■自動化と一貫性

IaCを使用することで、Azure上で、インフラストラクチャのデプロイメントの自動化が可能となります。また、繰り返しの実行や環境ごとの作成時に一貫性を確保できます。これにより、手作業によるエラーを大幅に減少させることができます。

■Azure Resource Manager(ARM)テンプレートを利用したIaC

Azure Resource Managerテンプレートを利用してIaCを実現できます。ARMテンプレートは、Azureリソースのデプロイメントと構成を定義するために使用され、JSON※形式で記述されます。ARMテンプレートを使用すると、複雑な環境を一貫して迅速にデプロイできます。

※ JSON(JavaScript Object Notation):構成ファイルの一種。さまざまなITシステムで利用される構成情報をやり取りするための記述形式。

■PowerShellとAzure CLIを利用したIaC

PowerShellとAzure Command-Line Interface(CLI)は、IaCの実現をサポートする重要なツールです。これらを使用して、スクリプトを作成しAzureリソースの管理を自動化することが可能です。

■DevOpsとの統合

IaCは、Microsoft Azure DevOpsサービスと密接に統合されています。コード管理、継続的インテグレーション(CI)および継続的デリバリー(CD)プロセスを利用したインフラストラクチャのデプロイメントと管理が容易になります。

■バージョン管理とコラボレーション

IaCを使用すると、インフラストラクチャの定義をバージョン管理システムに格納できるため、変更の履歴を追跡し、チームメンバー間でのコラボレーションを促進します。つまり、コードのバージョン管理の仕組みがそのままインフラストラクチャのバージョン管理として利用可能となります。

■セキュリティとコンプライアンス

IaCを利用することで、セキュリティ設定やコンプライアンスポリシーをコードとして定義し、実装することが可能になります。これにより、Azureの環境内でのセキュリティとコンプライアンスの一貫性が向上します。

■IaCの利用例

IaCの利用例を挙げます。ECサイトのWebアプリケーションを動作させるためのインフラストラクチャには、Webサーバー、Applicationサーバー、Databaseサーバーが必要となります。加えて、それぞれのOS、ミドルウェア、各種サーバーを接続するネットワークなどがAzure上に必要となります。このとき、開発、テスト、本番環境というさまざまなステージでインフラストラクチャが必要なります。このインフラストラクチャ作成をIaCで実現すると、一貫性の維持やデプロイメント・管理の簡素化にIaCが大きく役立ちます。

さらに、IaCはインフラストラクチャをコードで構成できるため、一度コードを作成してしまえば、繰り返し同じ環境を作成することが可能です。一貫性の維持だけでなく同一のセキュリティ設定が保持できることで、セキュリティの向上にもつながります。

5 Azure Resource Manager

Microsoft Azureで仮想マシンを作成する、データベースを作成するなどのデプロイや管理をGUIやコマンドから行えることをこれまでに解説しましたが、これらの操作はAzure内でAzure Resource Manager（ARM）と呼ばれるフレームワークを通じて命令が処理されます。

この命令はJSON形式のデータで定義されるため、管理者が直接JSON形式のデータを作成し、デプロイすることでGUIやコマンドとは違ったデプロイ方法を提供します。このときに提供されるJSON形式のデータをAzure Resource Managerテンプレート（ARMテンプレート）と呼びます。ARMテンプレートを利用してデプロイを行うことで、JSON形式のデータを利用して同じ作業を繰り返し実施することや、基本となるインフラストラクチャを提供する雛形を持つことができるようになります。これにより常に一定した環境の提供に大きく寄与します。また、運用から開発の流れを途切れることなく実施することで、アプリケーション開発の速度向上にも大きく貢献することが可能です。

▼Azure Resource Managerのアーキテクチャ

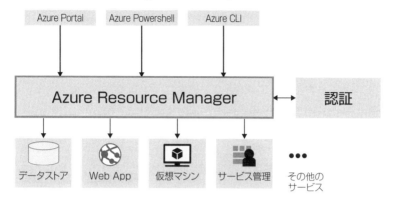

■オーケストレーション

テンプレートを用いてデプロイを行うことで、一括でAzureリソースのデプロイを実現できます。Azure Portalやコマンドラインツールで、デプロイを実行するためには、多くのリソース作成を個別に命令する必要があります。しかし、テンプレートを利用すると、テンプレート内に宣言された内容を一回の命令ですべてARMに通知することが可能です。テンプレート内のリソースの作成順番などはARMが判断し適切な形で実行されます。

■宣言型の構文

Azureのリソースを複数含めてテンプレートが構成できます。たとえば、仮想マシンの作成時に必要となる仮想ネットワークやストレージを、同時に宣言してテンプレートに含めることが可能です。

■モジュール形式

テンプレートは、他のテンプレートを含むことも可能であり、テンプレートを部品として利用することが可能です。それぞれのテンプレートが再利用可能な構成部品として利用可能です。

■拡張性

デプロイスクリプトを追加可能です。テンプレートを利用したデプロイ時に、スクリプトを実行して、リソースをさらにカスタマイズすることが可能です。デプロイスクリプトを利用することで、雛型をベースとしつつ、デプロイごとに個別の設定を入れ込むことが可能となります。

> 【例】第一開発部と第二開発部でベースのOSやインフラストラクチャを統一
> しつつ、ミドルウェアのWebサーバーの構成のみ変える。

■デプロイの追跡

　テンプレートを使ったデプロイはすべて、デプロイ履歴で確認することが可能です。細かなパラメータの値やその結果を追跡可能です。

▼デプロイの追跡

　さらにくわしい詳細は、以下の参考サイトで確認できます。

> | 参考 | **ARMテンプレートとは**
>
> https://learn.microsoft.com/ja-jp/azure/azure-resource-manager
> /templates/overview

演習問題4-3

問題1.

➡解答　p.213

次の説明文に対して、はい・いいえで答えてください。

　アプリケーションの開発をしている組織があります。アプリケーションの開発に注力するために、インフラストラクチャをクラウドで調達しようと考えています。しかし、専任のクラウド担当者を立てることが難しく、アプリケーション開発者でもかんたんに操作ができるAzureの採用を考えています。GUIによる操作とコマンド入力による操作のどちらもできる環境での管理を考えています。Azure Portalでこの目的は達成できますか？

　A. はい
　B. いいえ

問題2.

➡解答　p.213

次の説明文に対して、はい・いいえで答えてください。

　Azureの管理を使い慣れているコマンドラインツールで実行しようと考えています。Windows 11がインストールされたコンピューターを準備してAzure PowerShellを使った管理を監視予定です。Azureのサブスクリプションを購入後に、新しくノートPCを購入してWindows 11をインストールしました。すぐにWindows PowerShellを起動して管理を開始できますか？

　A. はい
　B. いいえ

問題3.　　　　　　　　　　　　➡解答　p.214　

次の説明文に対して、はい・いいえで答えてください。

組織のメンバーから外出中にアプリケーションの調子が悪いと連絡がありました。状況をヒアリングした結果、仮想マシンの再起動で対処が可能であると判断したため、Azure Mobile Appsを利用して仮想マシンを再起動しようとしました。この操作は可能ですか？

A. はい
B. いいえ

問題4.　　　　　　　　　　　　➡解答　p.214　

あなたの会社ではMicrosoft Defender for Cloud を利用してオンプレミスのサーバーのセキュリティ管理を行いたいと考えています。この場合、どのサービスを利用する必要があるでしょうか？

A. Azure DevOps
B. Azure Arc
C. Azure Resource Manager
D. Log Analytics

問題5.　　　　　　　　　　　　➡解答　p.214　

Azureを利用して社内のシステムを管理している組織があります。同じ型式の仮想マシンを複数作成する必要があるため、操作を簡略化させたいと考えています。このためにどのツールを利用しますか？

A. Azure Mobile Apps
B. Azure Resource Manager
C. Azure Resource Manager テンプレート
D. Azure Policy

問題6.
→解答　p.214　☑ ☑ ☑

Azureのリソースへのアクセスと一貫した制御を提供するための仕組みを何といいますか？　以下から選択してください。

A. リソースプロバイダー

B. API

C. ARM

D. AVD

4

解答・解説

問題1.
→問題　p.211

|解答|　A

達成可能です。Azure Portalは、GUIでの管理が可能でAzureのほとんどの操作が可能です。また、Azure Cloud ShellはAzure Portalから起動可能なコマンドラインツールであるため、コマンドによる管理も可能となります。

問題2.
→問題　p.211

|解答|　B

すぐに管理を開始できません。Windows PowerShellは、Windows 11にあらかじめ用意されたPowerShellのツールになりますが、Azure PowerShellは事前のインストールが必要となるため、マイクロソフトのWebサイトからダウンロードして、インストールするなどの事前の準備作業が必須です。また、PowerShellGetと呼ばれるPowerShellのツールを使って、インストールをすることも可能です。

|参考|　**PowerShellGet**
https://learn.microsoft.com/en-us/powershell/gallery/powershellget
/install-powershellget?view=powershellget-3.x

問題3.　　　　　　　　　　　　　　　　　　　➡問題　p.212

解答　　A

　可能です。Azure Mobile Appsは、仮想マシンの状況確認やかんたんな管理操作（起動や停止など）が可能です。また、リソースグループを確認して状況の確認なども可能です。さらに、Cloud Shellが利用できるため、その他の操作も可能です。事前にスクリプトを用意しておけば、複雑な操作も手軽にスクリプトの実行で、実現可能です。

問題4.　　　　　　　　　　　　　　　　　　　➡問題　p.212

解答　　B

　Azure Arcは、オンプレミスのサーバーや異なるクラウドベンダーなどから提供されるリソースの管理をAzureで一元的に行うためのサービスです。Microsoft Defender for Cloudを利用してオンプレミスのサーバーを管理する場合、Azure Arcを利用した接続設定が事前に必要になります。

問題5.　　　　　　　　　　　　　　　　　　　➡問題　p.212

解答　　C

　ARM（Azure Resource Manager）は、利用者に対してのアクセスと一貫したAzureのリソースを管理するAzureの管理の基盤です。その操作をあらかじめ用意したJSONファイルを利用して実現するのがARMテンプレートです。

問題6.　　　　　　　　　　　　　　　　　　　➡問題　p.213

解答　　C

　ARM（Azure Resource Manager）は、利用者に対してのアクセスと一貫したAzureのリソースを管理する、Azureの重要な基盤です。リソースプロバイダーは、ARMが最終的にAzureの管理や制御をする際のリソース別の管理機構です。APIは、アプリケーションを呼び出す際のインターフェースとして利用されます。AVDは、Azure Virtual Desktopで、Azureを利用したWindowsのデスクトップ環境を提供します。

4-4 Azureの監視ツール

この節ではAzureで動作するリソースを監視するために利用可能なツール
について学習します。

1 Azure Advisor

　Azure Advisorは、サブスクリプションの利用者に対して、Azureを利用する
上でのベストプラクティスを提供します。クラウド上の個人に対するコンサル
タントのようなサービスを提供します。リソースの状況などが分析された上で、
Azureリソースのコスト、パフォーマンス、信頼性、セキュリティ、オペレー
ショナルエクセレンスを向上するための推奨事項を提案します。

▼Azure Advisor

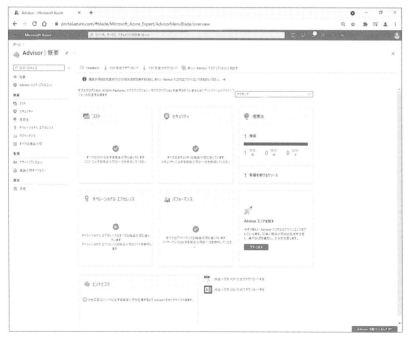

参考	Azure Advisorの概要

https://learn.microsoft.com/ja-jp/azure/advisor/advisor-overview

Azure Advisorから提案される推奨事項は、以下の5項目に分類されます。

■信頼性（旧称：高可用性）

対象リソースの継続性（稼働率など）に影響する推奨事項を提案します。

■セキュリティ

セキュリティ侵害を受ける可能性のある脆弱性を検出、および脅威を受ける可能性を分析して、緩和、修正する内容を提案します。

■パフォーマンス

アプリケーション、サービスの動作を改善する方法を提案します。主に速度向上などが見込めます。

■コスト

名前の通り、コストを確認し、全体的な支出を調整し、削減する方法を提案します。

■オペレーショナルエクセレンス

Azureの管理、デプロイ、Azure運用時の注意事項（リソース数の上限）に関する推奨事項を提案します。

参考	オペレーショナルエクセレンスを実現する

https://learn.microsoft.com/ja-jp/azure/advisor
/advisor-operational-excellence-recommendations

Azure Advisorは、あくまでも**推奨事項を提案**するだけであり、利用を制限することや期限などを構成するものではありません。したがって、提案事項を実施するかは利用者に委ねられています。

2 | Azure Service Health

　Azure Service Health（サービス正常性）は、現在利用中のサービスの状況が確認できます。リージョン内のサービスの正常性や次に予定されているメンテナンスなどの情報を、ダッシュボードを通して知ることが可能です。

■ Azure Service Healthで確認できるイベント

・サービスに関する問題
・計画メンテナンス
・正常性の勧告
・セキュリティアドバイザリ

▼ Azure Service Health（サービス正常性）

3 | Azure Monitor

Azure Monitorは、その名の通りAzure全体のモニターを可能とする監視ツールです。従来Azureは、監視機能や分析機能が各リソースに存在しており、サブスクリプション全体を確認することが難しかったため、Azure Monitorを利用してそれらをまとめて確認することが可能となり、運用管理に不可欠な監視を可視化、自動化することが可能となります。

■ソースデータ

Azure Monitorでは、Azure上で出力されるデータを収集することが可能です。また、オンプレミス環境などさまざまな場所から出力されるデータもカスタムデータとして取り込むことが可能です。

■メトリックとログ

Azure Monitorでは、システム上で都度出力される軽量なデータをメトリックとして可視化することが可能です。メトリックとは、特定の時点におけるシステムの何らかの側面を表す数値です。

ログは、記録を取り、可視化および、分析、洞察を得ることが可能です。ログデータはクエリを利用して必要な情報のみにスリム化することでさまざまな知見を得られます。

▼ Azure Monitor

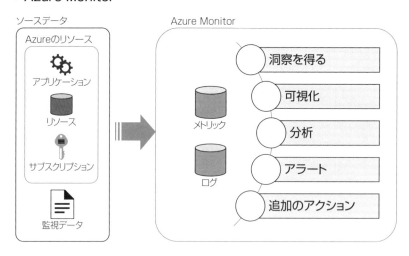

Azure Monitorでは、Log Analyticsで利用されるKusto※クエリが利用されます。

※　Kustoクエリ：SQLクエリのように情報の検索に使われる命令。Azure Monitorで収集したさまざまなデータをKustoクエリによって検索し、必要な情報にフィルター、集約することができる。

参考	**Kusto照会言語（KQL）の概要**	

https://learn.microsoft.com/ja-jp/azure/data-explorer/kusto/query/

4

Azure Monitorでは、以下のようなリソースの監視や警告作成が可能です。

・Application Insightsを利用したアプリケーションの状態や依存関係などの診断

・Log Analyticsを利用したログの分析

・アラートを利用した運用サポート

・ダッシュボードを利用した収集した情報の可視化

・メトリックを利用した監視

演習問題4-4

問題1.

➡解答　p.221

Azure Advisorを利用して得られる推奨事項の提案は、以下のどれですか？適切なものをすべて選択してください。

A. コスト
B. セキュリティ
C. 信頼性（高可用性）
D. パフォーマンス

問題2.

➡解答　p.222

Azure Advisorで、セキュリティに関する推奨事項が提案されたため、リソースのセキュリティを考慮して、推奨事項に合わせて構成を変更し、安全性を確保しました。Azure Advisorが提案する推奨事項を利用しない場合に、何か問題はありますか？

A. セキュリティに関する推奨事項を実行しないと、リソースがロックされます。
B. セキュリティに関する推奨事項を実行しないと、サブスクリプションがロックされます。
C. 特に何も起きませんが、対処しない場合のリスクを組織で検討することが望ましいです。
D. パフォーマンスに関する推奨事項を実行しないと、自動的にその推奨事項が実行されます。
E. パフォーマンスに関する推奨事項を実行しないと、対象リソースが停止します。

問題3.

➡解答 p.222

　Azureで管理しているリソースの停止を防ぐために、Azureの計画的なメンテナンス情報の確認をしようと思います。何を利用して確認しますか？

A. Azure Service Health（サービス正常性）
B. リソース正常性
C. Azure Monitorログ
D. Azure Monitorメトリック

4

問題4.

➡解答 p.222

　実行中のAzure仮想マシンのCPU利用率が、管理者が想定した値を上回る場合、管理者にアラートで通知するように構成しようと思います。何を利用して確認しますか？

A. Application Insights
B. リソース正常性
C. Azure Monitorログ
D. Azure Monitorメトリック

解答・解説

問題1.

➡問題 p.220

| 解答 | A、B、C、D

　Azure Advisorは、コストの削減に関する提案や、パフォーマンス、セキュリティに関わる推奨事項および、信頼性を高める方法などを提案します。さらに、オペレーショナルエクセレンスと呼ばれるリソースの管理性や、デプロイ、運用プロセスに関する追加の推奨事項を提案することも可能です。

演
習
問
題

問題2. ➡問題　p.220

解答　C

Azure Advisorは、推奨事項を提案するだけで強制力や自動化とは無関係です。したがって、推奨事項に対して特にアクションを起こすことは必須とはされていません。ただし、セキュリティに関する推奨事項を実行しないと、そのことによるセキュリティインシデントが発生する可能性が高まるため、十分な検討をすることをお勧めします。

問題3. ➡問題　p.221

解答　A

Azure Service Health（サービス正常性）で、Azureのサービス状態を確認できます。利用中のサブスクリプションに関係のあるサービスの状態、計画メンテナンス、セキュリティの状態、リソース正常性などさまざまな健康状態（サービスの状態）を確認可能です。Azure Monitorでも、アラート（警告）やログ、メトリックを構成できますが、計画的なメンテナンス自体の確認にはAzure Service Healthが適切です。

問題4. ➡問題　p.221

解答　D

Azure Monitorメトリックは、Azure仮想マシンのCPUやメモリなどのリソースを定期的に監視し、あらかじめ設定したしきい値を超える場合、アラートを出力するように構成することができます。

選択肢AのApplication Insightsは、Azureで動作するWebアプリケーションのパフォーマンスや正常性などを監視するためのAzure Monitorのサービスです。

模擬試験

最後に模擬試験を2セット掲載します。いままで学んだ「総まとめ」として解いてみましょう。

模擬試験は第2章から第4章に関する問題をランダムに並べてあり、試験に近い形になっています。

解説には、参照する節を記してありますので、わからない場合、あやふやな場合は、テキストの該当する節に戻って復習をしましょう。

また、模擬試験には、テキストでは触れていない問題も入っています。この場合は、参照する節の関連事項として、問題を解いて覚え、知識の補完し、理解を深めてください。

模擬試験 1　問題

問題 1.

➡解答　p.243

　あなたの会社では、Microsoft Entra ID（MEID）を利用して、クラウドサービスへアクセスするよう従業員に指導をしています。ある日、普段利用する場所とは異なる場所からMEIDへサインインする事象が発生しました。今後、同様の事象が発生したときに、その事象を把握できるように構成する必要があります。そのために次の設定を行うことは、作業として正しいでしょうか？

行った操作：すべてのMEIDユーザーに対して多要素認証を設定する。

 A. はい
 B. いいえ

問題 2.

➡解答　p.243

　あなたの会社では、Microsoft Azureで仮想マシンを実行しようとしています。仮想マシンに対して、既定で定義されているサービスレベルよりも高いサービスレベルで、仮想マシンを実行させる必要があります。このために次のような操作を行いました。この操作はサービスレベルを高めるための操作として、正しいでしょうか？

行った操作：2つ以上の可用性ゾーンに、複数の仮想マシンを実行する。

 A. はい
 B. いいえ

問題3. ➡解答　p.243

　組織の保持しているサーバールームのアプリケーションをクラウドに移行予定です。この組織はたくさんのWebAPIを利用してサービスを構成しています。また、フロントエンドには通常のWebシステムも利用しています。できる限りかんたんな方法でクラウド移行を実行しようと考えています。どのAzureのサービスを中心としてシステムを計画しますか？　適切なものを2つ選択してください。

- A. Azure Functions
- B. Azure DevTest Labs
- C. Azure Sphere
- D. Azure App Service

問題4. ➡解答　p.244

　あなたの会社では、業務で使用する仮想マシンがMicrosoft AzureとAmazon Web Servicesに分かれて動作しています。あなたはセキュリティ上の問題を把握するために、それぞれプラットフォームで動作する仮想マシンの状況を調べる必要があります。このような監視を行うために、あなたは次のような操作を行いました。この操作はそれぞれの監視を行うための作業として、正しいでしょうか？

行った操作：Microsoft Defender for Cloud ライセンスを購入する。

- A. はい
- B. いいえ

問題5.

➡解答　p.244

Microsoft Entra IDでユーザーがサインインしたログを監視し、不適切なサインインがあった場合、アラートを出力するような運用を行いたいと考えています。Azureでどのサービスを利用するとよいですか？

   A. Azureポリシー
   B. Azure CLI
   C. Azure Advisor
   D. Azure Monitor

問題6.

➡解答　p.244

次の説明文に対して、解決策が適当かどうかを、はい・いいえで答えてください。

コンテナーを利用したWebアプリケーションを構成しようと考えています。非常に多くのユーザーアクセスが考えられますが、できる限り運用の手間やスケーリングをかんたんにしたいと考えています。

解決策：Azure Kubernetes Service（AKS）を利用してコンテナーをデプロイした。

   A. はい
   B. いいえ

問題7.

➡解答　p.245

Azureで新しく組織内のアプリケーションを導入予定です。まずは、日々の作業を情報システム部のメンバーが実行できるように、1つのリソースグループを作成して、管理を円滑化しようと考えています。リソースグループの作成を行う際に利用できるツールは以下のどれですか？　すべて選択してください。

A. Azure Portal

B. Azure PowerShell

C. Azure CLI

D. Azure Portal内のCloud Shell

問題8.

➡解答 p.245

TCO計算ツールで行う操作に関する説明として、次の説明は正しいでしょうか？

行った操作：オンプレミスのサーバーを利用することによって発生するコストを計算する。

A. はい

B. いいえ

問題9.

➡解答 p.245

あなたの会社では、Microsoft Entra IDに連携するように実装したSaaSアプリケーションがあります。このアプリケーションにアクセスするときは、Microsoft Defenderファイアウォールが有効に構成されているデバイスだけが許可されるように構成したい場合、どのような方法で実現すればよいでしょうか？

A. 条件付きアクセス

B. Azure CLI

C. Azureポリシー

D. マイクロソフトのソリューションを利用してMicrosoft Defenderファイアウォールの状態を確認することはできない

問題 10.

➡解答　p.246

以下の項目にはい・いいえで答えてください。

　社内にあるITシステムを、Azure上に移行し、社内のサーバールームを大幅に縮小しました。月々の運営費が上昇しました。

期待できる効果：CapExの低下により柔軟に費用対効果が得られるようになった。

　A. はい
　B. いいえ

問題 11.

➡解答　p.246

　以下の文章を読んで下線部が間違っている場合は、正しい解答を選択してください。

　「データ保存用にAzure Storageを利用予定です。ストレージアカウントの作成時に高可用性を維持するために**LRS**を採用しました。このレプリケーションオプションを使うと平常時は、アプリケーションからストレージへのアクセスを負荷分散できます。また、リージョンにトラブルが発生した場合でも、データを使い続けることが可能です。」

　A. 変更不要
　B. GRS
　C. ZRS
　D. RA-GRS

問題12.

➡解答　p.247

次の文章を正しいものになるよう、下線部分を修正してください。

「Azure Governmentは、**IPA**が利用するための専用のクラウドサービスで、専用のリージョンとデータセンターが用意されています。」

A. 変更不要
B. 中国政府機関
C. カナダ政府機関
D. アメリカ政府機関

問題13.

➡解答　p.247

あなたの会社には社内設置のWebサーバーがあります。このWebサーバーへのアクセスには、Microsoft Entra IDに作られたユーザーを利用してアクセス制御を行う必要があります。この制御を実現するための行う設定として、次の設定は正しいでしょうか？

行った操作：Microsoft Entraアプリケーションプロキシを利用してWebサーバーを外部公開した。

A. はい
B. いいえ

問題14.

➡解答　p.247　

すでに大規模なデータセンターを保有する企業が、クラウドへの移行を計画しています。自社内での運用を取りやめてすべてのサーバーをクラウドへ移行しようと考えています。また、データセンター自体も廃止し大幅に社内システムを変更することにも経営陣は同意しています。どの配置モデルのクラウドが適切ですか？

A. プライベートクラウド
B. ハイブリッドクラウド
C. パブリッククラウド
D. マルチクラウド

問題15.

➡解答　p.248　

自社開発のWebアプリケーションを作成し、Microsoft Entra IDに登録されたユーザー名をAPI経由で取得し、Webページに表示させる必要があります。この処理を実現解決するために、次の設定を行うことは、作業として正しいでしょうか？

行った操作：OAuth 2.0プロトコルを利用してユーザー名を取得するようにMicrosoft Entra IDでアクセス許可を設定する。

A. はい
B. いいえ

問題 16.

➡解答　p.248　

次の説明文に対して、はい・いいえで答えてください。

サブスクリプションを購入予定です。Microsoft アカウントを使用してサブスクリプションを購入しようと考えています。自身の Microsoft アカウントでサブスクリプションを購入することは可能でしょうか？

A. はい
B. いいえ

問題 17.

➡解答　p.248　

あなたの会社では、Microsoft Azure で仮想マシンを実行しようとしています。特定のデータセンターの障害に関わりなく、安定して仮想マシンが実行できるように構成する必要があります。このために次のような操作を行いました。この操作はサービスレベルを高めるための操作として正しいでしょうか？

行った操作：可用性ゾーンを複数選択し、複数の仮想マシンを実行する。

A. はい
B. いいえ

問題18.

➡解答　p.249

　あなたの会社では、Microsoft Entra IDに連携するように実装したSaaSアプリケーションがあります。業務提携を結ぶ別の会社のユーザーにこのアプリケーションへのアクセス許可を割り当てる必要があります。また、あなたの会社には、別の会社のユーザーアカウントを新しく作成することは会社のポリシーで禁止されています。このとき、どのような方法で別の会社のユーザーにアクセス許可を割り当てればよいでしょうか?

　なお、別の会社ではMicrosoft Entra IDを利用しているものとします。

A. ゲストユーザーを作成する
B. 条件付きアクセスで別の会社のユーザーに対するアクセス許可を割り当てる
C. Azureポリシーで別の会社のユーザーに対するアクセス許可を割り当てる
D. Microsoft Entra Connectを利用して別の会社のユーザーをあなたの会社に同期する

問題19.

➡解答　p.249

　以下の説明を読んで、最も適切なクラウドサービスの実装モデルを選んでください。

　「クラウド事業者が運営するデータセンターを共有しITシステムを構築可能です。また、利用者はクラウド事業者と契約をすることでそのサービスが誰でも利用可能となります。」

A. プライベートクラウド
B. コミュティクラウド
C. ハイブリッドクラウド
D. パブリッククラウド

問題20.

➡解答 p.249

　あなたの会社では、Microsoft Azureで複数の仮想マシンを実行しようとしています。ところが一定数の仮想マシンを作成したところで、サブスクリプション内で作成可能な上限に達してしまい、それ以上仮想マシンを作成できなくなってしまいました。この問題を解決するためにどのサービスを利用すればよいでしょうか?

A. Azure Policy
B. リソースロック
C. RBAC
D. サポートリクエスト

問題21.

➡解答 p.250

次の文章を正しいものになるよう、下線部分を修正してください。

「Microsoft Entra参加はiOSデバイスの管理もできる機能で、この管理対象となるデバイスはMicrosoft Entra IDで提供するIDによるサインインが可能になります。」

A. 変更不要
B. Microsoft Entra登録
C. Microsoft Entraハイブリッド参加
D. Microsoft Entra IDロール

問題22.

➡解答　p.250

　アプリケーションの開発を古くから提供している組織があります。多様なクライアントOSが利用されている環境です。Azureの管理にコマンドラインツールを利用したいという要望が上がっています。Azure CLIをコンピューターにインストールして利用できるOSは、以下のどれですか？　該当するものをすべて選択してください。

   A. Linux

   B. Windows

   C. MacOS

   D. Unix

問題23.

➡解答　p.251

次の文章を正しいものになるよう、下線部分を修正してください。

「Azureサービス正常性は、社内設置のサーバーをAzure仮想マシンに移行する際のセキュリティ上の問題点を把握するのに役立ちます。」

   A. 変更不要

   B. Azure Monitor

   C. Microsoft Defender for Cloud

   D. 総保有コスト計算ツール

問題 24.

➡解答　p.251　

可用性ゾーンを利用してAzure上にサービスを構成しました。5台の仮想マシンに同一のサービスをインストールしてシステムを提供しています。各仮想マシンは1台ですべての機能を提供しており、他のサービスとの連携はしていません。このシステムの稼働率は、以下のどの値を保証できますか？

A. 100%
B. 99.999%
C. 99.99%
D. 99.95%

問題 25.

➡解答　p.252　

アプリケーションの開発ベンダがさまざまな機能追加を容易にするためにサーバーレス環境の利用を考えています。Azureで利用できるサーバーレス環境を選択してください（複数解答してください）。

A. Azure Functions
B. App Service
C. Azure Virtual Machines
D. Azure Kubernetes Service

問題 26.

➡解答　p.252　

Azure Governmentを契約可能な団体はどれですか？

A. 米国の連邦政府機関
B. 米国の政府機関およびマイクロソフトが認定した国家の政府機関
C. 米国の政府機関およびGDPRの要件を満たす国家の政府機関
D. G7加盟国の政府機関

問題27.

➡解答　p.252

　あなたの会社では、Azure仮想マシンを利用したビジネスを展開しようとしています。このとき、Azure仮想マシンの管理を特定の従業員に委任する予定です。委任された従業員がAzure仮想マシンの管理ができるようにするために、次の設定を行うことは、作業として正しいでしょうか？

行った操作：委任予定の従業員ユーザーにMicrosoft Entra IDロールを割り当てる。

A. はい
B. いいえ

問題28.

➡解答　p.253

　ある組織では、大規模なデータセンターの運営を行っています。事業の拡大に伴ってスケーラビリティに富んだITシステムが必要となりました。パブリッククラウドを利用したスケーラビリティと自社のデータセンターを利用したプライベートクラウドを組み合わせて、自組織の要求に応えようと情報システム部門は考えています。そのために安定した回線を用意してAzureとの接続を考えています。また、Microsoft 365の利用も想定しています。Azureの仮想ネットワークとの接続にどの接続オプションを使いますか？

A. Azure ExpressRoute
B. VNetピアリング
C. Azure VPN Gateway
D. Azure Bastion

問題 29.

➡解答　p.253

　ある組織が自社の基幹業務をSaaSに移行しようと考えています。狙いは、コストダウンと日々の運用の軽減です。以下の項目のうちSaaSを採用した際に利用組織が構成しなければいけない作業はどれですか?

A. 高可用性のためのハードウェアの設定
B. 高可用性のためのソフトウェアの構成
C. データの移行
D. OSのソフトウェアアップデート

問題 30.

➡解答　p.254

　あなたの会社では、Microsoft Azureで仮想マシンを実行しています。ある日、コスト削減の目的で一時的に使用しない仮想マシンは、シャットダウンするように命じられました。ところが仮想マシンをシャットダウンしても引き続き課金が発生していることがわかりました。この場合の対策として次の対応は正しいでしょうか?

行った操作:Azureスポットライセンスを購入し、仮想マシンを利用するように
　　　　　　切り替える。

A. はい
B. いいえ

問題31.

➡解答　p.254

　Azureの管理にCUIを利用してスクリプトの実行や、スクリプトの雛型を作って、必要に応じて変更しながら管理を行いたいと思っています。しかし、組織のセキュリティポリシー上、情報システム部門ユーザー以外は、自身のパーソナルコンピューターに追加のアプリケーションのインストールができません。利用部門のユーザーでAzureの管理を委任されているユーザーがCUIを利用した管理を行おうとしました。どのツールを利用しますか？

　A. Azure PowerShell
　B. Azure CLI
　C. Azure Cloud Shell
　D. Bash

問題32.

➡解答　p.254

　あなたの会社では、複数のAzure仮想マシンを新しく作成する必要があるため、この操作を自動化しようとしています。このとき、仮想マシンの展開に使用する管理者の資格情報を、確実に仮想マシンの展開の目的にのみ利用されるよう、安全にAzure上に保存しておく必要があります。次の作業は、この要件を満たすための作業として、正しいでしょうか？

行った操作：Microsoft Entra Connectを導入し、資格情報を安全に同期する。

　A. はい
　B. いいえ

問題33.

→解答　p.255　

Azure上で仮想マシンと仮想ネットワークを作成して、自組織のアプリケーションを移行しました。また、データベースを利用するためAzure SQL Databaseも利用しています。特定のユーザーにのみ各リソースへの管理を委任しようと考えています。何をしますか？

A. 同じ管理グループに含める
B. 同じリージョンに含める
C. 異なるリージョンに配置する
D. 同じリソースグループに含める

問題34.

→解答　p.255　

あなたの会社では、5年間Microsoft Azureを利用して社内インフラの構築を行うことが決定しました。コストを抑えてAzureストレージを作成し、運用したいと考え、割引率の高いソリューションを導入したいと考えています。この場合、どのような購入オプションを選択すればよいでしょうか？

A. 従量課金
B. 予約
C. CSP経由でAzureの契約を締結する
D. スポット

問題35.

➡解答　p.255

次の文章を正しいものになるよう、下線部分を修正してください。

「<u>Microsoft Entra参加</u>はWindows 11デバイスの管理を行うための機能で、この管理対象となるデバイスはMicrosoft Entra IDで提供するIDによるサインインが可能になります。」

A. 変更不要
B. 動的グループ
C. APIアクセスの連携
D. Microsoft Entra IDロール

問題36.

➡解答　p.256

ある組織の社内システムをいつでも利用できるようにするために、ハードウェアの故障時でもシステムが利用できるようにしたいと考えています。Azureへ移行を考えた場合、Azureのどの特徴を考慮することが重要ですか?

A. スケーラビリティ
B. 弾力性(伸縮性)
C. 高可用性
D. ディザスターリカバリー

問題37.

➡解答 p.256

次の文章を正しいものになるよう、下線部分を修正してください。

「Microsoft AzureではAzureに対して<u>アップロード</u>する通信に対して課金が発生します。」

A. 変更不要
B. ダウンロード

問題38.

➡解答 p.256

アプリケーションの開発を主体とする組織があります。組織では、Webアプリケーションのベースとして、OSやミドルウェアの基礎的な設定をまとめたドキュメント作成し、各開発者の開発環境を定義しました。Azureにアプリケーションの開発環境を作成するときの雛型を作成し、常に同じ環境を開発者に提供しようと思います。最も適切なツールを選択してください。

A. ARMテンプレート
B. Azure CLI
C. Azure PowerShell
D. Azure Portal

問題39.

➡解答　p.257

　あなたの会社では、現在、Microsoft Sentinelを利用してMicrosoft Entra IDサインインログとOffice 365のアクティビティログを一元管理しています。ある日、不正アクセスと思われるアクティビティを検知しました。検知した内容を自動的にMicrosoft Teamsにチャットで管理者に通知を行う必要があります。この実装を実現するために、次の設定を行うことは、作業として正しいでしょうか？

行った操作：Microsoft SentinelでSOARの機能であるプレイブックを実装する。

　A. はい
　B. いいえ

問題40.

➡解答　p.257

　あなたの会社では、3つの部署でAzure仮想マシンを作成し、運用しています。それぞれの部署で作成した仮想マシンを把握したい場合、次の設定を行うことは作業として正しいでしょうか？

行った操作：それぞれの仮想マシンに部署名をつけたタグを設定する。

　A. はい
　B. いいえ

模擬試験1　解答・解説

問題1.

→問題　p.224

|解答|　B

　多要素認証は、資格情報（ユーザー名／パスワード）に加えて携帯電話などを利用した本人確認を行うためのサービスであり、多要素認証を利用することによって普段利用する場所とは異なる場所からサインインがあったことが把握できるわけではありません。

　普段利用する場所とは異なる場所からサインインがあったなどの不正アクセスと疑わしい事象があった場合に、アラートを出力するサービスとして、Microsoft Entra Identity Protectionを利用します。

→「3-4 AzureのID、アクセス、セキュリティ」参照

問題2.

→問題　p.224

|解答|　A

　仮想マシンに対して、もともと定義されているSLAを上回るサービスレベルを必要とする場合、リソースを冗長構成にして運用します。仮想マシンを冗長化する場合、2つ以上の可用性ゾーンに仮想マシンを作成することでサービスレベルを高めることができます。

→「3-1 Azureのコアアーキテクチャコンポーネント」、
「4-1 Azureでのコスト管理」参照

問題3.

→問題　p.225

|解答|　A、D

　すでに多くのWebAPIを保有している企業の場合は、既存の資産を活用するためのサーバーレス環境を利用することが適切になります。したがって、サーバーレス環境のAzure Functionsが適切なサービスです。また、通常のWebシステムはAzure App Serviceで代替可能です。

Azure Sphereは、IoTのサービスであるため、今回は適切ではありません。

Azure DevTestLabsは、開発のテスト環境などを自動で管理するシステムであるため、今回の目的には合いません。

また、このようなサーバーレス環境で、WebAPIを利用する場合に考えらえる他のサービスとして、Azure Logic Appsも組み合わせることは可能です。

→「2-1 クラウドとは」、
「3-2 Azureコンピューティングおよびネットワークサービス」参照

問題4.　　　　　　　　　　　　　　→問題　p.225

解答　　A

Microsoft Defender for Cloudによる無償ライセンスではAzureリソースだけが監視の対象であり、AWS、GCP、オンプレミスのサーバーの監視に関してはMicrosoft Defender for Cloudの有償ライセンスが必要です。

→「3-4 AzureのID、アクセス、セキュリティ」参照

問題5.　　　　　　　　　　　　　　→問題　p.226

解答　　D

Azure Monitorは、ログを収集し、特定の条件に合致するログが生成したときにアラートを出力するような運用ができます。なお、同様の設定はMicrosoft Entra Identity Protectionでアラートを実装することも可能です。

→「4-4 Azureの監視ツール」、「3-4 AzureのID、アクセス、セキュリティ」参照

問題6.　　　　　　　　　　　　　　→問題　p.226

解答　　A

AKS（Azure Kubernetes Service）は、コンテナーのスケーリングや管理を自動化します（オーケストレーション）。コンテナーの管理をできる限り自動化したり、管理負荷を軽減する効果を持ちます。

→「3-2 Azureコンピューティングおよびネットワークサービス」参照

問題7.

➡問題 p.226

解答 A、B、C、D

　GUIを利用する場合は、Azure Portalを利用します。Azure Portalでは、ほとんどの管理作業が可能であるため、リソースグループの作成はもちろん可能です。また、その後のアプリケーションに必要なさまざまなリソース作成できます。

　CUIを利用する場合は、Azure PowerShell、Azure CLIおよびCloud Shellが利用できます。ただし、Azure PowerShellとAzure CLIは事前に環境のインストールが必須であるためWindowsやLinux、MacOSのコンピューターで準備が必要となります。

　Cloud Shellは、Azure Portalが利用できればよいため、Webブラウザがあればどのような環境からでも利用可能です。ただし、Azure Portalで利用が確認されているWebブラウザに限ります。

> **参考** **Azure Portalの対応ブラウザ**
>
> https://learn.microsoft.com/ja-jp/azure/azure-portal
> /azure-portal-supported-browsers-devices

→「3-1 Azureのコアアーキテクチャコンポーネント」、
「4-3 Azureリソースを管理および デプロイするための機能とツール」参照

問題8.

➡問題 p.227

解答 A

　TCO計算ツールはオンプレミスのサーバー構成を入力すると、オンプレミス構成でのコストが算出できるほか、Azureを利用することによって発生することを同時に算出し、その比較からクラウドを利用することによるコスト削減額を算定できます。　　　　　　　　　　　　→「4-1 Azureでのコスト管理」参照

問題9.

➡問題 p.227

解答 A

　条件付きアクセスでアクセス制御を行う際に利用可能な条件は、条件付きア

クセス内の設定項目だけでなく、他のマイクロソフトのクラウドサービスと連携してアクセス制御を行うことができます。具体的には会社のデバイス管理に利用するMicrosoft Intuneがあります。Microsoft Intuneと条件付きアクセスに組み合わせてアクセス制御を行う場合、Microsoft Defenderファイアウォールが有効であるか、ウイルス対策ソフトが有効であるか、BitLockerが有効であるかなどのデバイスの状態を条件にしたアクセス制御を行うことができます。

→「3-4 AzureのID、アクセス、セキュリティ」参照

問題 10. →問題 p.228

解答 A

クラウドを利用することで通常は、CapExが低下し、OpExが上昇します。OpExが上昇することで、月々の費用は上昇しますが、CapExと異なり運営費となるだけなので、いつでも削減できる点が大きな柔軟性を生み出します。

→「2-1 クラウドとは」参照

問題 11. →問題 p.228

解答 D

LRSは、同一リージョンに3個のディスクを利用したレプリケーションが行われるため可用性の高い基本の構成ですが、リージョンが停止した場合はデータの利用はできません。

ZRSも3個のディスクが可用性ゾーンをまたがることで高可用性を維持できますが、LRSと同様でリージョンエラーには対応できません。

GRSとRA-GRSは、ともに6個のディスクを利用したレプリケーションが行われ、プライマリリージョンとセカンダリリージョンにそれぞれデータが保存されることで、リージョンエラーに対応可能です。

さらにRA-GRSは、通常時でもセカンダリリージョンのデータ読み取りが可能であるため、アプリケーションがデータにアクセスするときの状況により、アクセス先を分けることでアクセス効率を上げる負荷分散が可能です。たとえば、参照系はセカンダリリージョンを利用して、更新系のみプライマリリージョンを利用する、といったことが可能となります。

→「3-3 Azureストレージサービス」参照

問題12.　　　　　　　　　　　　　　　　　　　　➡問題　p.229

解答　D

Azure Governmentは米国の連邦政府機関、州政府機関、地方政府機関、国防総省、国家安全保障向けに提供されるリージョンです。なお、IPAとは独立行政法人情報処理推進機構の名称です。

→「3-1 Azureのコアアーキテクチャコンポーネント」参照

問題13.　　　　　　　　　　　　　　　　　　　　➡問題　p.229

解答　A

Microsoft Entraアプリケーションプロキシとは、社内設置のWebサーバーをMicrosoft Entra ID経由で外部公開するサービスです。シングルサインオンアクセスする目的でSaaSやPaaSのクラウドサービスをMicrosoft Entra IDと関連付けるのと同じように、社内設置のWebサーバーをMicrosoft Entra IDに関連付けるとMicrosoft Entra IDにサインインした後にWebサーバーにアクセスすることができるようになります。

→「3-4 AzureのID、アクセス、セキュリティ」参照

問題14.　　　　　　　　　　　　　　　　　　　　➡問題　p.230

解答　C

自社での運用を取りやめることとデータセンターの廃止をするため、すべてのITシステムをすべて移行することを考えているので、パブリッククラウドが適切と考えられます。

プライベートクラウドでは、自社内での運用が必要となるため、データセンターの廃止はできません。

ハイブリッドクラウドは、プライベートクラウドとパブリッククラウドを組み合わせてよい部分を活かすモデルであるため、今回のケースでは適切ではありません。一般的にセキュリティやコンプライアンスを自社のものに可能な範囲

適合させるために利用します。

　マルチクラウドは、配置モデルではなく複数のクラウド事業者のサービスを組み合わせて利用することを指します。　　　　　　　→「2-1 クラウドとは」参照

問題15.　　　　　　　　　　　　　　　　　　➡問題　p.230

解答　A

　OAuth 2.0プロトコルは、APIアクセスを目的としたプロトコルです。Microsoft Entra IDはOAuth 2.0プロトコルをサポートするため、連携先の定義を行ったり、APIアクセスのためのアクセス許可を設定したりすることができます。
　　　　　　　　　　　　　→「3-4 AzureのID、アクセス、セキュリティ」参照

問題16.　　　　　　　　　　　　　　　　　　➡問題　p.231

解答　A

　可能です。AzureはMicrosoftアカウントもしくは組織のアカウント（Microsoft Entra IDユーザー）で利用することが可能です。
　　　　　　　　　　　→「3-1 Azureのコアアーキテクチャコンポーネント」

問題17.　　　　　　　　　　　　　　　　　　➡問題　p.231

解答　A

　可用性ゾーンを複数選択することで、リージョン内の異なるゾーンに別々に仮想マシンを配置することができます。これにより特定のデータセンターにおける障害に関わりなく、引き続き仮想マシンを利用できます。

　なお、特定のデータセンターの障害に関わりなく仮想マシンを利用できるようにする場合、最低で2台の仮想マシンと2つの可用性ゾーンがあれば構成可能です。　　　　　　　→「3-1 Azureのコアアーキテクチャコンポーネント」、
　　　　　　　　　　　　　　　　　　　　「4-1 Azureでのコスト管理」参照

問題18.

→問題　p.232

解答　A

　Microsoft Entra IDに登録されたSaaSアプリケーションへのアクセス許可を設定する場合、事前に自社のMicrosoft Entra IDディレクトリに登録されているユーザーであることが必要です（つまり自社のユーザーであることが必要）。この問題のように別の会社のユーザーに対してアクセス許可を割り当てる場合、別の会社のユーザーのショートカットに当たるゲストユーザーを作成し、ゲストユーザーに対してアクセス許可を割り当てます。そうすることで、自社のMicrosoft Entra IDディレクトリに別の会社のユーザーアカウント自体を新規に作成することなく、アクセス許可を割り当てることができます。

→「3-4 AzureのID、アクセス、セキュリティ」参照

問題19.

→問題　p.232

解答　D

　パブリッククラウドは、広く公開されて利用されるクラウドです。多くの事業者がサービスを提供しており、実際のITシステムは利用者によって共有されて利用します。また、契約をすることで誰でも利用可能となります。

　プライベートクラウドは、名前の通り組織独自のクラウドです。比較的規模の大きい組織が自組織内に対してパブリッククラウドと同様のサービスを自組織にのみ提供します。

　ハイブリッドクラウドは、パブリッククラウドとプライベートクラウドなどの異なる配置モデルを組み合わせて利用する実装モデルです。

　コミュティクラウドは、同業種間で利用できる基幹業務などをクラウド化したシステムを提供するクラウドです。　　　　→「2-I クラウドとは」参照照

問題20.

→問題　p.233

解答　D

　サポートリクエストは、マイクロソフトのサポートエンジニアとの対話を通じて問題解決を図るためのサービスです。Azureではそれぞれのサービスに対し

て作成可能なリソースの数に上限を設けており、その上限を超えて利用する必要がある場合は、サポートリクエストを通じて上限の引き上げ設定を行う必要があります。

　選択肢Aの Azure Policy は、リソース内の特定の設定に対する制御を行い、一貫性のあるコンプライアンスを保つためのサービスです。

　選択肢Bのリソースロックは、すでに作成されたリソースに対して読み取り専用や削除禁止などの制限を設けることで、誤った操作を防ぐためのサービスです。

　選択肢CのRBACは、Azureのサービスアクセスのためのアクセス権設定であり、実行可能なアクションなどを定義します。

→「4-1 Azureでのコスト管理」参照

問題21.
➡問題　p.233

解答　B

Microsoft Entra登録は、Windowsデバイスだけでなく、iOS、Androidなどのデバイスから登録することが可能なデバイス登録方法です。Microsoft Entra参加、Microsoft Entraハイブリッド参加のデバイス登録方法についてはWindowsデバイスのみで利用可能です。　→「3-4 AzureのID、アクセス、セキュリティ」参照

問題22.
➡問題　p.234

解答　A、B、C

Azure CLIや Azure PowerShell などのコマンドラインツールは、Windows以外のOSでも利用可能です。LinuxやMacOSでも利用することが可能で、事前にインストールすることでさまざまなOS上で利用することが可能です。

　また、Cloud ShellはAzure Portalから利用できるため、実質的にはAzure PortalにアクセスできるWebブラウザからであれば、コマンドラインツールが利用可能であるといえます。

| 参考 | 適切なAzureコマンドラインツールを選択する |

https://learn.microsoft.com/ja-jp/cli/azure
/choose-the-right-azure-command-line-tool

→「4-3 Azureリソースを管理およびデプロイするための機能とツール」、
「模擬試験1問題7」参照

問題23.

➡問題　p.234

解答　C

Microsoft Defender for Cloudはオンプレミス、クラウドを問わず、コンピューター（仮想マシン）のスキャンを行い、セキュリティ上の問題点を推奨事項として指摘するサービスです。なお、Azureサービス正常性はAzureが提供するサービスの問題を通知するサービスで、データセンターで発生したインシデントやこれから計画しているメンテナンス作業などを把握することができ、またサービス正常性の通知内容に合わせてアラートを出力し、メールで管理者に通知するなどの処理の自動化を行うことができます。

また、選択肢Dの総保有コスト（TCO）計算ツールとは、オンプレミスのサーバーの維持管理にかかるコストを計算し、Azureにサーバーを移行することによるコスト上のメリットを把握するためのツールであり、セキュリティの問題点を把握するためのツールではありません。

→「3-4 AzureのID、アクセス、セキュリティ」参照

問題24.

➡問題　p.235

解答　C

仮想マシンを利用する場合のSLAによる稼働率の保証は、利用する可用性のオプションによって異なります。

可用性ゾーンで提供できる稼働率は99.99%です。仮想マシンのインスタンス（台数）が2つ以上あり、2つ以上の可用性ゾーンにまたがって配置された場合にこのSLAが保証されます。

可用性セットを構成して、2つ以上の更新ドメインと2つ以上の障害ドメイン

251

を構成して、2つ以上のインスタンスを構成することで、99.95%の稼働率を保証できます。　　　　　　　　→「3-1 Azureのコアアーキテクチャコンポーネント」、「3-2 Azureコンピューティングおよびネットワークサービス」、「演習問題3-2問題3」、「4-1 Azureでのコスト管理」参照

問題25.　　　　　　　　　　　　　　　　➡問題　p.235

解答　　A、B、D

　仮想マシンはサーバーを作成するため、サーバーレスではありません。Azure Functionsは小規模なプログラムを配置するサービスです(2-1節参照)。App ServiceはWebアプリケーションを配置できるPaaSであるため、サーバーレスと呼ぶことができます(2-3節参照)。Azure Kubernetes Serviceは、アプリケーションを必要に応じて分散配置などができるサーバーレス環境です(3-2節参照)。　　　　　　　→「2-1 クラウドとは」、「2-3 クラウドサービスの種類」、「3-2 Azureコンピューティングおよびネットワークサービス」参照

問題26.　　　　　　　　　　　　　　　　➡問題　p.235

解答　　A

　Azure Governmentは、米国の政府機関等に向けて提供される特別なリージョンで、米国以外の政府機関が契約・利用することはできません。
　　　　　　　　　→「3-1 Azureのコアアーキテクチャコンポーネント」参照

問題27.　　　　　　　　　　　　　　　　➡問題　p.236

解答　　B

　Azure仮想マシンの管理を行うための権限は、Azureロールを通じて設定します。Microsoft Entra IDロールは、Azure ADの管理を行うための権限管理に利用します。なお、ロールで割り当てられる権限を永続的に利用するのではなく、特定の日時のみ利用できるような制限を行う場合、Microsoft Entra Privileged Identity Managementを利用します。
　　　　　　　　　　　→「3-4 AzureのID、アクセス、セキュリティ」参照

問題28.

➡問題　p.236

解答　　A

　安定した回線であり、他のMicrosoftサービスとの連携を考える場合は、Azure ExpressRouteが適切です。通信速度も高速なものが選択できることで、安定した回線かつ高速で組織内とAzure環境を接続可能となります。

　Azure VPN Gatewayでの接続も可能ですが、通常のVPNソリューションとなるため、安定性の確保が組織のデバイスや、インターネット回線に依存するため安定性がExpressRouteに比べると劣ります。また、Microsoftの他のサービスとの連携はありません。

　VNetピアリングは、Azure上の仮想ネットワーク同士を接続するオプションです。また、Azure Bastionは、仮想マシンへアクセスするときのアクセス手法の1つです。

　　　　　　→「3-2 Azureコンピューティングおよびネットワークサービス」参照

問題29.

➡問題　p.237

解答　　C

　SaaSは、すべてのITシステムをクラウド事業者が提供し、利用は機能のみを利用するクラウドサービスです。したがって、ハードウェアやソフトウェアの構成はすべてクラウド事業者が設定、構成します。OSやミドルウェア、アプリケーションのセキュリティ更新もすべてクラウド事業者が行います。

　ただし、既存システムから移行する場合や組織のデータを利用する場合は、そのデータ自体は利用者が利用前に自身で移行する必要があります。

　また、クラウド利用に伴って必要となる初期設定も、利用者が行う必要がある場合もあります。たとえば、メールアドレスのドメイン名を自社独自のものにするための、ドメイン名の登録などが考えられます。

　　　　　　→「2-1 クラウドとは」、「2-3 クラウドサービスの種類」参照

問題30.　　　　　　　　　　　　　　　　➡問題　p.237

解答　B

スポットライセンスは、SLAを保証しないライセンスで、検証等の目的で利用することを想定したライセンスです。スポットライセンスを利用したとしても仮想マシンは作成することで、ストレージに対するコストやパブリックIPアドレスに対するコストなどが、仮想マシン起動の有無に関わりなく、継続して発生します。　　　　　　　　　　　➡「4-1 Azureでのコスト管理」参照

問題31.　　　　　　　　　　　　　　　　➡問題　p.238

解答　C

Azure Cloud Shellは、Azure Portal上から利用できるコマンドラインツールです。事前のアプリケーションのインストールは不要ですぐに利用が可能です。Webブラウザが利用できればどのような環境でも使用が可能となります。

Azure PowerShellとAzure CLIは、コマンドラインツールですが、事前のインストールが必須となるため、今回の環境には適しません。

Bashは、Azure Cloud Shell環境で利用できますが、LinuxなどのOSからBashを利用して直接はアクセスができないため、今回の環境には適しません。

　➡「4-3 Azure リソースを管理および デプロイするための機能とツール」参照

問題32.　　　　　　　　　　　　　　　　➡問題　p.238

解答　B

Azure上で扱うパスワードや証明書などの情報を暗号化し、特定のサービスからのみアクセスできるように構成する場合、Azure Key Vaultを使います。Microsoft Entra Connectは、オンプレミスのActive Directoryに保存された資格情報（ユーザー名／パスワード）をMicrosoft Entra IDに同期するためのサービスであり、資格情報の利用を制限するためのサービスではありません。

　　　　　　　　　　➡「3-4 AzureのID、アクセス、セキュリティ」参照

問題 33.

→問題　p.239

解答　D

　同じリソースグループに含めることでAzureの管理作業をユーザーに委任することが可能です（選択肢D）。

　管理グループは、サブスクリプションをまとめるために利用するので、ここでは関係がありません（選択肢A）。

　リソースグループに含まれるリソースはどのリージョンに配置されていても問題はないため、同一のリージョンでも異なるリージョンでも関係はありません（選択肢B、C）。ただし、仮想マシンが配置される仮想ネットワークは同一のリージョンにあるリソースに限られます。

　　　　→「4-2 Azureのガバナンスとコンプライアンス機能およびツール」参照

問題 34.

→問題　p.239

解答　B

　予約を利用したAzureリソースの購入は、1年もしくは3年分の利用の予約し、毎月決められたコストを支払う契約方法です。この場合、従量課金での利用に比べて高い割引率でAzureリソースを利用できるメリットがあります。

　スポットも高い割引率でAzureリソースが利用できるメリットがありますが、利用可能なリソースはAzure仮想マシンに限られます。

　　　　　　　　　　　　　　→「4-1 Azureでのコスト管理」参照

問題 35.

→問題　p.240

解答　A

　Microsoft Entra参加は、Microsoft Entra IDによるWindowsデバイスの管理方法の一種でWindowsサインインのタイミングで、Microsoft Entra IDで提供するID（ユーザー名／パスワード）を使ったサインインができます。

　選択肢Bの動的グループとは、Microsoft Entra IDに作成することができるグループの一種で、特定のユーザーの属性に基づいて動的にグループのメンバーを入れ替えるグループです。

→「3-4 Azure の ID、アクセス、セキュリティ」参照

問題36.　　　　　　　　　　　　　　　　　➡問題　p.240

解答　C

　ハードウェア障害やアプリケーションの障害時でもシステム全体としての機能を継続するために重要なのは、高可用性を考慮することです。Azure はほとんどのサービスに SLA が設けられており、どの程度の稼働率で利用できるかを確認できます。また、可用性を高めるためのオプションが用意されています。

　スケーラビリティや弾力性は、パフォーマンスの調整や負荷に応じたコンピューティングリソースのデプロイなどに関係するため、今回の目的に適切ではありません。

　ディザスターリカバリーは、単純な障害の対応というよりは、リージョン全体がダウンしてしまうような災害に対応することが主な目的となります。

→「2-2 クラウドサービスを使用する利点」参照

問題37.　　　　　　　　　　　　　　　　　➡問題　p.241

解答　B

　Microsoft Azure の通信に対して発生するコストは、ダウンロードに対して発生します。Azure に対するアップロードの通信に対して課金は発生しません。なお、リージョン内の通信の場合、可用性ゾーン間の通信に対して課金が発生します。ただし可用性ゾーンをまたがる仮想マシンに対しては 2024 年 2 月時点で課金されません。

参考　**帯域幅の価格**

https://azure.microsoft.com/ja-jp/pricing/details/bandwidth/

→「4-1 Azure でのコスト管理」参照

問題38.　　　　　　　　　　　　　　　　➡問題　p.241

解答　　A

　ARMテンプレートを利用すると、Azureのリソースをデプロイするための情報を、宣言型の記述形式でデータとして保存が可能となります。同じ環境の再作成や基準となるサーバー構成などの雛型を作成可能です。

　Azure CLIやAzure PowerShellを用いてスクリプトを作成することで雛型を作ることは可能ですが、スクリプトの作成や保守性においてARMテンプレートの方が適切です。Azure PortalはGUIを使った管理ツールであるため、雛型ではなく、個別のリソースや初回のリソース作成に向いています。

　　　→「4-3 Azureリソースを管理および デプロイするための機能とツール」参照

問題39.　　　　　　　　　　　　　　　　➡問題　p.242

解答　　A

　Microsoft SentinelはSIEMとしての役割だけでなく、自社であらかじめ定めた基準に基づいてアラートを出力することができます。また、アラートは単純に出力するだけでなく、アラートをきっかけとして特定の操作・作業を自動的に行うSOARとしての役割を持ちます。アラートをきっかけとして特定の操作を命令する場合、Microsoft Sentinelにあるプレイブックと呼ばれる設定を行い、問題文にあるようなMicrosoft Teamsにチャットを送信したりするような運用が可能になります。

　　　　　　　　　　　　　→「3-4 AzureのID、アクセス、セキュリティ」参照

問題40.　　　　　　　　　　　　　　　　➡問題　p.242

解答　　A

　Azureリソースにタグを設定すると、タグを条件にしたフィルターを設定できます。これにより、仮想マシンの一覧で特定の部署で使用する仮想マシンだけを表示させたり、課金の画面で特定の部署で使用した仮想マシンの状況だけを表示させたりすることができます。

　　　　　→「4-2 Azureのガバナンスとコンプライアンス機能およびツール」参照

解答・解説

模擬試験2　問題

問題1.

➡解答　p.273

次の説明文に対して、はい・いいえで答えてください。

　ある組織では、セキュリティ上の理由から複数のサブスクリプションを購入し部門ごとに割り当てを行いました。管理者を分ける目的でサブスクリプションを複数購入することは適切でしょうか？

A. はい
B. いいえ

問題2.

➡解答　p.273

BLOBストレージを利用しているWebアプリケーションがあります。BLOBストレージにはすでに多くデータが保存されています。データ容量が多いため少しでもコストを安くしたいと考えています。ただし、これらのデータはアクセス頻度が低く、一定期間削除の予定はありません。どのストレージオプションを利用しますか？

A. アーカイブ層
B. コールド層
C. ホット層
D. クール層

問題3.

➡解答　p.274

オンプレミス環境のWebアプリケーションをクラウドに移行する予定です。調査の結果、さまざまなクラウド事業者のサービスが必要となることがわかり、複数のクラウド事業者のクラウドを組み合わせて移行をすることに決まりました。ハイブリッドクラウドを提案する予定です。この提案は適切ですか。

A. はい
B. いいえ

問題4.

➡解答　p.274

次の操作のうち、Microsoft Azureで課金が発生しない操作を選択してください。

A. 作成した仮想マシンを電源入れずに放置する
B. Microsoft Entra IDユーザーを新規作成する
C. 過去に作成したストレージアカウントに新しくコンテンツを追加しない
D. 過去に作成したLog Analyticsワークスペースに新しくログを追加しない

問題5.

➡解答　p.274

Azure File Syncを利用して、オンプレミス環境のWindows Serverのファイル共有を最適化しようと考えています。オンプレミス環境のWindowsサーバーで実行する作業のうち、最適な作業は以下のどれですか。

A. Azure File Syncエージェントのインストール
B. Azure Backupエージェントのインストール
C. Azure ストレージアカウントの作成
D. Azure Fileの作成

問題6.　　　　　　　　　　　　　　➡解答　p.275　

非常に大規模なアクセスを必要とするシステムを構成予定です。このシステムは、企業にとって重要なインフラストラクチャとなるため、最低限のダウンタイムで運用されることが期待されます。このシステムの監視用ログの出力場所として、Azureストレージを利用することになりました。ログへのアクセスも、ダウンタイムを最小化することとアクセス効率も重要だとされています。Azureストレージの冗長化オプションにどれを選ぶのが最適ですか。

    A. RA-GRS
    B. RA-GZRS
    C. LRS
    D. ZRS

問題7.　　　　　　　　　　　　　　➡解答　p.276　

あなたの会社では、従量課金モデルでMicrosoft Azureを利用しています。社内で利用する事業所ごとに支払いを別々に行う必要があります。この場合、どのように管理を分割すればよいでしょうか？

    A. サブスクリプション
    B. リソースグループ
    C. インスタンス
    D. 管理グループ

問題8.　　　　　　　　　　　　　　➡解答　p.276　

オンプレミス環境の社内向けWebアプリケーションや、CRMアプリケーションをクラウドに移行する予定です。システム管理者の負荷を大きく軽減して運用にかかるコストを調整したいと考えています。クラウド環境に移行することでこの目的は達成できますか。

A. はい

B. いいえ

問題9.

→解答　p.276　

以下の作業をAzureで実行しました。この作業は実施可能ですか？

Azure Storageでストレージアカウントを作成しました。同名のストレージアカウントを異なるサブスクリプションに作成しました。

A. はい

B. いいえ

問題10.

→解答　p.276　

Microsoft Azureをこれから利用する組織で、必要なリソースを実行するために発生するコストを事前に把握する必要があります。このとき、Microsoft Azureを契約する前に利用できないツールはどれでしょうか。

A. TCO計算ツール

B. 料金計算ツール

C. Microsoft Cost Management

問題11.

→解答　p.277　

仮想マシンの可用性を高めるために可用性セットを利用して稼働率を高めました。対象のリージョンでトラブルが発生したため、通信ができなくなりました。このような場合でも可用性セットであれば仮想マシンの動作を確保して通信が可能ですか？

A. はい

B. いいえ

問題12.

➡解答　p.277　

自社で利用しているアプリケーションを調査したところ、PaaSへの移行が適切であるとわかりました。PaaS環境における共同責任モデルにおいて、利用者のみが責任を負う項目はどれですか。すべて選択してください。

　A. データ
　B. アクセス端末
　C. 接続アカウント
　D. 認証基盤

問題13.

➡解答　p.277　

あなたの会社では、オンプレミスのActive Directoryドメインがあります。Microsoft Azureの管理を行うユーザーはActive Directoryドメインで使用するユーザーと同じ資格情報を利用してMicrosoft Azureへアクセスしたいと考えています。同じ資格情報を利用できるようにするために有効なツールはどれでしょうか？

　A. Microsoft Entra Connect
　B. Azure Arc
　C. ExpressRoute
　D. Microsoft Entra Domain Services

問題14.

➡解答　p.278　

以下のような要件に対応できるAzureストレージサービスの冗長性はどれですか？

要件：リージョンにエラーが起こった際にもデータへのアクセスが可能な状態を維持したい。ただし、通常時はデータのアクセス効率を高めるためのオプションが必要である。

A. LRS

B. GRS

C. ZRS

D. RA-GRS

問題 15.

➡解答　p.278　

Azure環境を利用して利用中の小規模のWebアプリケーションがあります。このアプリケーションの保守用の追加のアプリを開発中です。動作環境として適切なAzureのサービスを選択してください。この追加のアプリケーションはできる限り管理を必要としないサービスを必要としています。以下のサービスのうち最適なものはどれですか？

A. Azure App Service

B. Azure 仮想マシン上に IIS を構築

C. Azure Functions

D. Azure Kubernetes Service

問題 16.

➡解答　p.279　

あなたの会社では、Microsoft Entra IDに連携するように実装したSaaSアプリケーションがあります。このアプリケーションにアクセスするときは多要素認証を実行することを要求する場合、どのような方法で実現すればよいでしょうか？

A. 条件付きアクセス

B. Azure CLI

C. Microsoft Entra管理センターのユーザー一覧

D. 多要素認証はサインイン時に利用する設定であり、アプリケーションアクセス時に実装することはできない

問題17.

➡解答　p.279　

BLOBストレージに保存しているデータを別のサブスクリプションのストレージアカウントにコピー使用しています。どの方法を利用できますか？（複数解答してください）

A. AzCopy

B. Azure Storage Explorer

C. Azure Data Box

D. Azure Migrate

問題18.

➡解答　p.279　

大規模なアクセスが想定されるWebアプリケーションを開発中です。負荷に応じて自動的にスケールアウトができることが望ましいと考えています。このアプリケーションを動作させる環境として適切なAzureの環境はどれですか。2つ選択してください。

A. Azure Virtual Machine Scale Sets

B. Azure Kubernets Service

C. 可用性セット

D. 可用性ゾーン

問題19.

➡解答　p.280　

Azureで新しく仮想マシンを作成し、起動しました。このとき、課金が発生しない処理またはコンポーネントはどれでしょうか？

A. データ転送（受信）

B. データ転送（送信）

C. プロセッサ

D. ストレージ

問題20.
➡解答 p.280

オンプレミス環境のWebアプリケーションをクラウドに移行する予定です。調査の結果セキュリティ上の問題が多くあるため、重要データをオンプレミス環境に残し、ユーザーがアクセスするWeb情報のみクラウドに移行する形をとることに決まりました。ハイブリッドクラウドを提案する予定です。この提案は適切ですか。

A. はい
B. いいえ

問題21.
➡解答 p.281

Azureで仮想マシンを作成してWebサービスを公開予定です。現状では負荷状況や利用状況が明確ではないため一般的なサイズの仮想マシンを作成しようと考えています。どのサイズを選択しますか。

A. Aシリーズ
B. Dシリーズ
C. NCシリーズ
D. NVシリーズ

問題22.
➡解答 p.281

あなたはAzure App Serviceを利用して3つのWebアプリケーションを作成しました。これらのWebアプリケーションには認証・認可を行った後にアクセスする必要があります。また、それぞれのWebアプリケーションへの認証・認可は複数回行わないように構成する必要があります。このときに利用すべきツールは以下のどれですか？

A. 条件付きアクセス
B. Microsoft Entra ID

C. Azure Key Vault

D. 同じリソースグループにすべてのWebアプリケーションを実装する

問題23.　　　　　　　　　　　➡解答　p.282　

仮想マシンにデータベースをインストールして、高速な動作を期待するアプリケーションがあります。どのディスクストレージを利用しますか。

A. Premium SSD

B. Standard SSD

C. Standard HDD

D. Ultra ディスク

問題24.　　　　　　　　　　　➡解答　p.282　

オンプレミス環境からAzure環境へのネットワーク接続を考えています。Azureで構成できるオプションのうち、安全でかつ帯域幅を確実に確保できる手法はどれですか？

A. ピアリング

B. Azure VPN Gateway

C. Azure ExpressRoute

D. Azure DNS

問題25.　　　　　　　　　　　➡解答　p.282　

あなたはAzure仮想マシンを作成し、削除のリソースロックを設定しました。しかし、あとから仮想マシンを削除する必要が生じました。削除を実現するために、次の設定を行うことは、作業として正しいでしょうか？

行った操作：Azureサービス管理者のロールが割り当てられたユーザーで仮想マシンを削除する。

A. はい

B. いいえ

問題26.

→解答　p.283

オンプレミス環境にあるサーバー群をAzureに移行する予定です。オンプレミス環境と異なり、必要なときにCPUの数を変更したり、スケールを変更できるクラウドの特性はどれですか。

A. フォールトトレランス

B. 弾力性

C. リソースプール

D. 計測可能なサービス

問題27.

→解答　p.283

ストレージアカウントを作成しました。このストレージアカウントのBLOBサービスには組織の重要なデータを保存する予定です。構成としてパブリックアクセスを禁止して、特定の仮想ネットワークからのアクセスのみを許可するよう構成しました。このストレージアカウントの誤削除を防止しようと考えています。何をしますか。

A. 変更不要

B. パブリックアクセスの禁止

C. ストレージアカウントのRBACの構成

D. 削除ロック

問題28.

➡解答　p.283

Microsoft Azureで新しくWindows Serverがインストールされた仮想マシンを作成しました。Windows ServerはEDR機能を利用してセキュリティ監視する必要があります。このとき、どのサービスを利用することが適切ですか？

A. Azure ポリシー

B. Azure Firewall

C. Microsoft Defender for Cloud

D. Azure DDoS Protection

問題29.

➡解答　p.284

以下の文章を読んで下線部が間違っている場合は、正しい解答を選択してください。

Azure環境を利用して小規模のWebアプリケーションを作成予定です。システム管理部門がOSの管理も含めて操作ができるようにAzure仮想マシンを<u>ストレージアカウント</u>内に作成しました。

A. 変更不要

B. ネットワークセキュリティグループ

C. リソースグループ

D. 管理グループ

問題30.

➡解答　p.284

多くのユーザーが所属するコールセンターをサポートする企業があります。電話対応スタッフ用のデスクトップ環境を構成するため、従来の物理的なデスクトップ環境を変更して、コストの削減や運用の効率を最適化するために、Azureを利用することになりました。どのサービスを利用しますか。

A. Azure Virtual Machines

B. Azure Container Instances

C. Azure Kubernetes Service

D. Azure Virtual Desktop

問題31.

→解答　p.285

Microsoft Azureで新しくWindows Serverがインストールされた仮想マシンを作成しました。Windows Serverで利用するディスクは暗号化する必要があります。ディスク暗号化に使用したキーを保存する場所として、どのサービスを利用することが適切ですか？

A. Azure Key Vault

B. Azure Firewall

C. Microsoft Defender for Cloud

D. Azure DDoS Protection

問題32.

→解答　p.285

オンプレミス環境のWebアプリケーションをクラウドに移行する予定です。調査の結果、さまざまなクラウド事業者のサービスが必要となることがわかり、複数のクラウド事業者のクラウドを組み合わせて移行をすることに決まりました。また、マルチクラウド環境の管理やオンプレミス環境の管理を組み合わせて円滑に行うことが決定しました。必要なサービスを選択してください。

A　Azure Portal

B. Azure CLI

C. Azure Arc

D. Azure VMware Solution

問題33.

➡解答　p.286　

オンプレミス環境に多くのWindowsファイルサーバーが存在する企業があります。この企業は近年のデータの増大に伴い、オンプレミス環境のファイルサーバーのデータ容量について懸念しています。また、この企業は日本を含めた複数の国にブランチオフィスを持っており、それぞれの拠点でファイルサーバーを利用しています。Azure File Syncを提案しました。この方法は適切ですか？

A. はい

B. いいえ

問題34.

➡解答　p.286

Microsoft Azureで新しくWindows Serverがインストールされた仮想マシンを作成しました。Windows Serverで生成されるセキュリティログをWindows Serverとは別の場所に保管し、後からログを参照できるように構成する必要があります。このとき、どのサービスを利用するべきでしょうか？

A. Azure Key Vault

B. Microsoft Sentinel

C. Microsoft Defender for Cloud

D. Azure Lighthouse

問題35.

➡解答　p.286

自社内のWebサービスを改善するためにクラウドとの連携をすることで、機能の強化をしたいと考えています。ただし、自社のシステム管理部門の作業負荷を最小化するために、新たに追加するサービスを運用する際の作業を最小化するために、PaaS系のサービスを選択することになりました。対象となるサービスをすべて選択してください。

A. Azure 仮想マシン

B. Azure AI

C. Azure SQL Database

D. Azure App Service

問題 36.

➡解答　p.287　

以下の作業をAzureで実行しました。この作業は適切ですか？

　ある企業で、Azure リソースへのアクセス制御を構成しようとしています。ユーザーごとの利用環境を整備するために、仮想デスクトップ環境を構成しました。Azure Virtual Desktop リソースへアクセス許可を付与しようと思い、セキュリティグループを構成しました。

A. はい

B. いいえ

問題 37.

➡解答　p.287

　あなたの会社では、RG1とRG2の2つのリソースグループがあります。あなたはどちらのリソースグループにも任意のリソースを作成するロールが割り当てられています。しかし、会社の運営上の問題からこれ以上RG1リソースグループにAzure仮想マシンだけは作成できないようにする必要があります。この場合、どのような方法で実現すればよいでしょうか？

A. 条件付きアクセスで特定リソースグループへのアクセスを制限する

B. Azureポリシーで特定リソースグループでの仮想マシン作成を制限する

C. Azure Bastion を利用して特定リソースグループへのアクセスを制限する

D. RGIリソースグループへのAzureロールの割り当てをすべて削除する

問題38.

➡解答　p.288

オンプレミス環境にあるWebシステムをAzureに移行しようと考えています。管理作業を少しでも減らしたいと考えていますが、OSのセキュリティ更新やミドルウェアの構成変更などをシステム管理部門がハンドリングしたいと考えています。PaaS環境への移行が提案されました。この提案は適切ですか？

　A. はい
　B. いいえ

問題39.

➡解答　p.288

テスト環境用にAzure Virtual Machinesを構成する予定です。上司からコストを抑えた上で環境を構築するように依頼が来ています。仮想マシンのディスクにどのオプションを利用しますか。

　A. Standard HDD
　B. Standard SSD
　C. Ultra Disk
　D. Premium SSD

問題40.

➡解答　p.288

コマンド操作（CUI）を利用してAzureを管理したいと考えています。手軽に利用できることから、Azure Cloud Shellを利用することになりました。管理者のコンピューターに必要なアプリケーションは、以下のどれですか。

　A. Azure CLI
　B. Azure Storage Explorer
　C. Azure PowerShell
　D. Azure Portal に対応した Web ブラウザ

模擬試験2　解答・解説

問題1.
➡問題　p.258

|解答|　A

　セキュリティを分ける意味で、サブスクリプションを個別に購入することは可能です。リソースグループ別にアクセス制御を分けることは可能ですが、全体の管理が可能であるルートレベルの権限は、サブスクリプションを分けることで分割が可能です。

　　　　　　　　　　　　→「3-1 Azureのコアアーキテクチャコンポーネント」参照

問題2.
➡問題　p.258

|解答|　B

　データの保存に対して最も安価なアクセス層は、アーカイブ層です。しかし、アーカイブ層のデータは、常時アクセス可能ではなく一度保存した後でアクセスをしたい場合は、ほかの層への変更が必要となります。そのため、今回のWebアプリケーションのようにデータへの接続の可能性がある場合は、適切ではありません。よって、一番安価でかつ、データアクセスが可能なのはコールド層となります。

　アクセス層の設定は、Azure Blobで構成できるオプションです。その他のAzureストレージで利用できない点をご注意ください。

|参考|

・Azure Blob Storagesの価格

https://azure.microsoft.com/ja-jp/pricing/details/storage/blobs/

・BLOBデータのアクセス層

https://learn.microsoft.com/ja-JP/azure/storage/blobs
/access-tiers-overview

　　　　　　　　　　　　　　　　→「3-3 Azureストレージサービス」参照

模擬試験2

解答・解説

問題3.

➡問題　p.259

解答　　B

　ハイブリッドクラウドは、オンプレミス環境やプライベートクラウドとパブリッククラウドを組み合わせる提供方法です。よって、今回の要求である複数のクラウド事業者を組み合わせるパターンとは異なります。近年はこういった複数のクラウド事業者を組み合わせる利用方法をマルチクラウドと呼びます。クラウド事業者のサービスの違いや、クラウド事業者自体のサービス撤退や、事業の縮小・終了などに柔軟に対応するために、マルチクラウド環境の重要性が増しています。　　　　　　　　　　→「2-1 クラウドとは」参照

問題4.

➡問題　p.259

解答　　B

　Microsoft Entra IDは、一部の有償機能を除いて無償で利用することができます。ユーザーやグループの作成については無償で利用することができます。
　　　　　　　　　　→「3-4 AzureのID、アクセス、セキュリティ」参照

問題5.

➡問題　p.259

解答　　A

　Azure File Syncを利用して、オンプレミス環境のデータをクラウドと連携させるためには、オンプレミス環境のサーバーにエージェントのインストールが必要となります。Azure File Syncエージェントをインストールすることで、データの同期や階層化を行い、データの最適化が可能となります。
　Azure File Sync利用までのかんたんな流れは、以下の通りです。
1. ストレージ同期サービスの作成と構成
2. Windows Serverの準備
3. Azure File Syncエージェントをインストール
4. ストレージ同期サービスへの登録
5. 同期グループとクラウドエンドポイントの作成
6. サーバーエンドポイントの作成

詳細は参考ページをご確認ください。

> **参考** **Azure File Syncを使用してWindowsファイルサーバーを拡張する**
>
> https://learn.microsoft.com/ja-jp/azure/storage/file-sync
> /file-sync-extend-servers

→「3-3 Azureストレージサービス」参照

問題6.

➡問題 p.260

解答 B

Azureストレージで可用性の構成、大きく分けると4つの構成があります。

・LRS

同一リージョン内で3つのディスクにデータを保存します。

・ZRS

同一リージョン内で物理的に分離された領域を利用して、3つのディスクにデータを保存します。

・GRS

プライマリリージョンで3つディスクにデータを保存 (LRS) し、セカンダリリージョンにも3つのディスクにデータを保存します (LRS)。合計6か所にデータが保存されます。

・GZRS

GRSのプライマリリージョン内がZRSとなります。ただし、セカンダリリージョンはGRSと同様のLRSを利用します。

さらに、GRSとGZRSはセカンダリリージョンのデータに対して常時読み取りアクセスを許可するRA-GRSとRA-GZRSがあります。

今回はダウンタイムの縮小とアクセス効率を求められているため、最大の冗長構成が可能であるRA-GZRSが最適です。このオプションを利用することで、通常時は更新系のアクセスをプライマリリージョンにすることで参照系アクセスをセカンダリリージョンでサポートし、負荷を分散可能です。

→「3-3 Azureストレージサービス」参照

問題7.

➡問題　p.260

解答　A

Microsoft Azureではサブスクリプションを単位として課金が発生します。同一テナントで支払いを別々にする場合、サブスクリプションを分割することで実現できます。　　　　　　　　　　　　　　　→「4-1 Azureでのコスト管理」参照

問題8.

➡問題　p.260

解答　A

オンプレミス環境からクラウドへ移行することで、運用コストの圧縮が可能となります。オンプレミス環境では、ハードウェアの保守コストや、選択するサービスモデルによってはOSの管理までクラウド事業者に任せることができるため、日々の運用コストを大きく圧縮可能です。

→「2-2 クラウドサービスを使用する利点」参照

問題9.

➡問題　p.261

解答　B

ストレージアカウントの名前はストレージアカウントにアクセスする際のURLの一部となります。したがって、同名のストレージアカウントを作成することはできません。また、サブスクリプションやリージョンが異なっていても同様です。

参考　**ストレージアカウント名**

https://learn.microsoft.com/ja-jp/azure/storage/common
/storage-account-overview#storage-account-name

→「3-3 Azureストレージサービス」参照

問題10.

➡問題　p.261

解答　C

Microsoft Cost Management は、Azure 管理ポータルの [コスト分析] メニューから利用可能なサービスで、サブスクリプション全体で発生するコストの把握とコストがどこで発生しているかを分析するために使用します。Microsoft Cost Management サービスはサブスクリプション作成後に利用可能なサービスであるため、Microsoft Azure の契約前に利用できません。

→「4-1 Azure でのコスト管理」参照

問題 11.　　　　　　　　　　　　　　→問題　p.261

解答　B

可用性セットは、同一リージョン内で物理的なハードウェアトラブルや、仮想化ホストの更新作業などで Azure の環境に更新が入る際などのトラブルに対処するためのものです。よって、今回のような、リージョン全体にまたがるトラブルに対応することではできません。

→「3-2 Azure コンピューティングおよびネットワークサービス」参照

問題 12.　　　　　　　　　　　　　　→問題　p.262

解答　A、B、C

クラウド事業者と利用者との間で責任を負うべき範囲をまとめたものが共同責任モデルです。クラウド利用時には、ハードウェア部分をクラウド事業者が構築・運用・保守するため、オンプレミス環境と比較して誰がどこまでを管理するかが異なり、その範囲に応じて責任も変わります。

PaaS 環境では、ミドルウェアのよりも上位の環境を利用者が用意・維持管理するため、データ、アクセス端末、接続アカウントが利用者の管理となります。認証基盤は、ミドルウェアもしくは OS が提供するため、クラウド事業者側が責任を負う形になります。→「2-1 クラウドとは」参照

問題 13.　　　　　　　　　　　　　　→問題　p.262

解答　A

Microsoft Entra Connect は、オンプレミス Active Directory ドメインのユー

ザーやグループなどをMicrosoft Entra IDに同期するサービスです。既存のWindows Serverにインストールすることで自動的にユーザーが同期され、Microsoft Entra ID のユーザーとして同じ資格情報が利用できるようになります。Azure ArcやExpressRouteはオンプレミスとクラウドを接続するために利用するためのサービスであり、Active Directoryドメインのユーザーが Microsoft Entra IDで利用できるようになるわけではありません。

→「3-4 AzureのID、アクセス、セキュリティ」参照

問題14. ➡問題 p.262

解答　　D

　リージョンエラーが起きた場合でもデータへの通信ができるようにするためには、リージョン間でデータのレプリケーションが可能となる冗長構成が必要となります。リージョン間でレプリケーションが可能な冗長構成には、GRS（geo冗長ストレージ）が必要となります。ただし、GRSはデータのコピー先となるセカンダリリージョンのデータへはプライマリリージョンが動作停止したときのみアクセスが可能となります。したがって、今回の要件には、満たされません。通常時にもアクセスができるようにするオプションを選択するには、RA-GRSを選択します。RA-GRSは、通常時もセカンダリリージョンへの読み取りアクセスが許可されます。くわしくは3-3節の「3 冗長性」で説明しています。

→「3-3 Azureストレージサービス」参照

問題15. ➡問題 p.263

解答　　C

　小規模環境で管理の手間がかからないサービスを選択する必要があるため、Azure Functionsが最適です。Azure App Serviceや仮想マシン上のIISで同様の作業は可能ですが、Functionsと比較すると管理工数がかかることや、規模が大きい環境向けのサービスといえます。Azure Kubernetes Service は、コンテナーの管理などを大規模に行うサービスであるため、今回の環境には向きません。各サービスは、3-2節で紹介をしています。

→「3-2 Azureコンピューティングおよびネットワークサービス」参照

問題16.

➡問題　p.263

解答　A

条件付きアクセスは、Microsoft Entra IDにあらかじめ関連付けられたクラウドサービス等へのアクセスを制御するためのサービスです。条件付きアクセスで設定した条件に合致する場合、アクセスをブロックしたり、多要素認証を要求するように構成することができます。

→「3-4 AzureのID、アクセス、セキュリティ」参照

問題17.

➡問題　p.264

解答　A、B

ストレージアカウントでBLOBデータ操作には、Azure PortalとAzCopyとAzure Storage Explorerが利用可能です。特にAzCopyはコマンドラインでの操作になるため、テンプレートのような形でメモ帳などにデータを保存しておくことで、再利用が可能となります。Azure Data BoxやAzure Migrateは、オンプレミス環境からデータ移行や環境移行に利用できるオプションです。詳細は3-3節で紹介しています。　　　→「3-3 Azureストレージサービス」参照

問題18.

➡問題　p.264

解答　A、B

Azure Virtual Machine Scale SetsやAzure Kubernetes Serviceは、対象のWebアプリケーションが動作している環境を自動的にスケールアウト可能です。よって、今回の環境に適切です。ただし、この2つは異なる実行環境となるため、選択するサービスに合わせてアプリケーションの開発方法が大きく異なる可能性がある点は注意が必要です。可用性ゾーンと可用性セットはどちらも、稼働率を確保するためのサービスであるため、今回の目的には適切ではありません。　　　→「3-2 Azureコンピューティングおよびネットワークサービス」参照

問題19.　➡問題　p.264

解答　A

Microsoft Azureでは、Azure仮想マシンへファイルをアップロードするようなトラフィック、つまりAzure仮想マシンにとっての受信トラフィック（Ingress）に対して課金は発生しません。なお、仮想マシンをシャットダウンした場合にはプロセッサや通信に対して課金が発生することはありませんが、ストレージは仮想マシンの起動・停止に関わりなく課金が発生します。

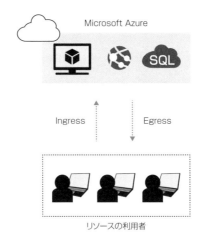

→「4-1 Azureでのコスト管理」参照

問題20.　➡問題　p.265

解答　A

適切です。ハイブリッドクラウドは、オンプレミス環境やプライベートクラウドとパブリッククラウドを組み合わせる提供方法です。重要なデータやセキュリティ上の調整をしたいデータを、オンプレミス環境やプライベートクラウドに置くことで、セキュリティ上の問題を取り除きます。あわせてユーザーへのアクセス窓口となるWebサーバーやアプリケーションの一部を、パブリッククラウドに移行することで、コストメリットや弾力性を確保します。それぞれの良い部分を組み合わせるクラウドの利用パターンで、現在の多くの企業が

利用しているパターンでもあります。　　　　→「2-1 クラウドとは」参照

問題21.　　　　　　　　　　　　　　　　➡問題　p.265

解答　B

　要件から、汎用的なCPUメモリが構成できるものが適切だと想定できます。よって、Dシリーズが適切となります。Aシリーズも汎用的なサイズですが、Dシリーズは最も選択肢が多いため、今回の環境には適切です。NC、NVシリーズはGPU対応のサイズであるため、今回の要件には合いません。また、現状ではDシリーズはv2〜v5までのバージョンと多様なバリエーションを備えたオプショナルなサイズが増えているため必要に応じて参考サイトを参照してください。あわせてAシリーズはv2バージョンに変更されており、開発やテスト用に最適なシリーズとなっています。

> 参考　**汎用仮想マシンのサイズ**
> https://learn.microsoft.com/ja-jp/azure/virtual-machines
> /sizes-general

　　　　→「3-2 Azureコンピューティングおよびネットワークサービス」参照

問題22.　　　　　　　　　　　　　　　　➡問題　p.265

解答　B

　Microsoft Entra IDでは、クラウドサービスとの連携設定を行うことで、Microsoft Entra IDにサインイン（認証）するだけでクラウドサービスへのサインイン（認証）を改めて行う必要のない、シングルサインオン（SSO）を実現することができます。Azure App Serviceで作られたWebアプリケーションもMicrosoft Entra IDに登録し、連携設定を行うことでWebアプリケーションへのシングルリインオンが実現します。

　　　　　　　　→「3-4 AzureのID、アクセス、セキュリティ」参照

模擬試験2

解答・解説

問題23.

➡問題　p.266

解答　　D

　仮想マシン利用される記憶域（ディスクストレージ）で、もっとも高速で動作するディスクは、Ultraディスクです。ただし、OSのインストールができないなど、いくつかの制限があるため、注意が必要です。次の順番で上位（左）のものほど高速です。

Ultraディスク⇒Premium SSD⇒Standard SSD⇒Standard HDD

参考　**Azureマネージドディスクの種類**
https://learn.microsoft.com/ja-jp/azure/virtual-machines
/disks-types

→「3-3 Azureストレージサービス」参照

問題24.

➡問題　p.266

解答　　C

　オンプレミス環境からAzure環境を安全な方法で接続するには、Azure VPN GatewayかAzure ExpressRouteを利用します。ただし、Azure VPN Gatewayはインターネットを利用するため、帯域幅の確保が難しい場合が多いです。それに対してAzure ExpressRouteは、専用の回線や帯域幅を指定したIP VPNなどが利用できるため、帯域幅の確保がしやすい特徴があります。よって、今回の問題では、Azure ExpressRouteが適切です。ピアリングはAzure仮想ネットワーク同士を接続するときに利用します。Azure DNSは、名前解決のサービスであるため、ネットワーク同士の接続には利用できません。

→「3-2 Azureコンピューティングおよびネットワークサービス」参照

問題25.

➡問題　p.266

解答　　B

　リソースロックが設定されたリソースは、割り当てられたロールに関わりなく制限が設定されます。そのため、リソースロックで制限された設定を行いた

い場合、ロックを削除することが唯一の選択肢です。
　　　　→「4-2 Azureのガバナンスとコンプライアンス機能およびツール」参照

問題26.
➡問題　p.267

解答　B

伸縮性（弾力性・俊敏性）クラウドの大きな特徴の1つにスケールの変更があります。サービスの状況やビジネスの要求に応じて、すぐにコンピューティング要素を変更できることがクラウドのメリットとなります。

フォールトトレランスな環境を安価に構成できる点も大きな要素ですが、今回の目的には適しません。また、リソースプールは物理的なITリソースの集約を指しているため、今回の目的に適していません。計測可能なサービスも同様です。この特徴は、使われたリソースの使用時間などからコストを計測するための特徴です。　　　　　　　　　　　　　　→「2-1 クラウドとは」参照

問題27.
➡問題　p.267

解答　D

Azureのリソースへのアクセスの制限には、RBACが利用できます。ただし、今回は誤った削除の防止を目的としているため、削除ロックが適切です。削除ロックは、権利を持っているユーザーでも、一度削除ロックを削除した後でないとリソースの削除ができません。よって、今回の問題に適切です。パブリックアクセスの禁止は、すでにこの問題では適用済みであり、誤削除の防止にはなりません。　　　　　　　　→「3-3 Azureストレージサービス」参照

問題28.
➡問題　p.268

解答　C

Microsoft Defender for Cloudには、無償で利用できるサービスと有償で利用可能なサービスがあり、リソース単位で無償／有償のプランを選択できます。特定のリソース種類を有償プラン選択した場合、そのリソースがアップグレードされMicrosoft Defender for Cloudによるセキュリティ機能が利用できるように

なります。

たとえば、Azure仮想マシンを有償プラン選択した場合、Microsoft Defender for Serversと呼ばれる有償プラン専用の機能が利用できるようになり、Microsoft Defender for Serversに含まれるMicrosoft Defender for Endpointと呼ばれるEDR機能が利用できるようになります。

→「3-4 AzureのID、アクセス、セキュリティ」参照

問題29.

→問題　p.268

|解答|　C

Azure上のリソースは、リソースグループに所属します。そのため、仮想マシンを作成後に配置されるのは、仮想マシンを作成時に指定したリソースグループとなります。

ストレージアカウントは、ストレージサービスを利用するためのリソースで仮想マシンの配置は行えません。ただし、仮想マシンがアンマネージドディスクを利用している場合は、ディスクの保存場所として利用されます。

ネットワークセキュリティグループは、仮想NICや仮想ネットワークのサブネットに適用することで、ファイアウォールのような操作が可能です。したがって、仮想マシンリソース自体を含むことはなく、サブネットに含まれる仮想NICに接続されている仮想マシンのネットワークへのアクセスを制限します。

管理グループは、サブスクリプションをグループ化するものであるため、今回は適切でありません。

→「3-1 Azureのコアアーキテクチャコンポーネント」参照

問題30.

→問題　p.268

|解答|　D

ユーザーのデスクトップ環境を構成する場合に適切なサービスとしては、Azure Virtual MachinesとAzure Virtual Desktop（AVD）を選択することが可能です。ただし、今回のような大規模な環境ではAVDを利用することで同じ環境の仮想マシンをかんたんに構成することが可能です。

このようなデスクトップ環境を構成することをVDI（Virtual Desktop

Infrastructure) と呼びます。Azure Virtual Machines は、サーバー OS 環境でも利用できるため、一般的にはサーバー環境の仮想マシンで利用することがほとんどです。また、Azure Virtual Desktop も仕組みとしては、Azure Virtual Machines を利用した仮想マシンを内部的で作成するため、AVD は Azure Virtual Machines を利用したサービスとも呼べます。

Azure Container Instances と Azure Kubernetes Service は、コンテナーサービスと呼ばれており、主に Web アプリケーションの実行基盤として利用されます。

→「3-2 Azure コンピューティングおよびネットワーク サービス」参照

問題31.　　　　　　　　　　　　　　➡問題　p.269

解答　A

Azure 仮想マシンでディスク暗号化を行う場合、Azure Disk Encryption と呼ばれる機能で実現します。Azure Disk Encryption で使用する鍵は Azure Key Vault に保存し、Azure 仮想マシンからのみアクセス可能になるようにアクセス制御を行います。そうすることで鍵が安全に管理されます。

→「3-4 Azure の ID、アクセス、セキュリティ」参照

問題32.　　　　　　　　　　　　　　➡問題　p.269

解答　C

Azure Arc を利用すると、マルチクラウド環境の管理を簡素化することが可能となります。また、オンプレミス環境やさまざまな場所にある ICT 資産を一元的に管理できるようになります。今回の環境の最適な方法となります。

Azure VMware Solution は、VMware 環境を Azure と接続して利用ができるサービスです。他のクラウド環境や、オンプレミス環境の VMware 環境以外が存在する場合は、統合できないため今回は適切ではありません。

Azure ポータルや Azure CLI は、Azure 自体の管理がメインとなるため適切ではありません。　　　　　　　　　　　　　　　　　　　　→「2-1 クラウドとは」、
「4-3 Azure リソースを管理およびデプロイするための機能とツール」参照

問題33.

➡問題　p.270

解答　　A

Azure File Syncを利用することで、以下の3点の対処が可能です。

1. オフィス間でのファイル共有の最適化
2. ストレージコストの削減
3. データバックアップと災害復旧

このような特徴から、複数の国にまたがる拠点を持っている企業のデータの最適化やストレージコストの削減などに、Azure File Syncを用いることは、適切な提案と考えられます。

> 参考　**Azure File Syncとは**
> https://learn.microsoft.com/ja-jp/azure/storage/file-sync
> /file-sync-introduction

→「3-3 Azure ストレージサービス」参照

問題34.

➡問題　p.270

解答　　B

Microsoft Sentinelは、オンプレミス／クラウドを問わず、生成されたログを一元管理するSIEM（Security Information and Event Management）の役割を持つサービスです。Microsoft Sentinelであらかじめ Windows Serverのイベントログを転送するように設定しておくことで Microsoft Sentinelの管理画面からログを参照することができます。

→「3-4 Azure のID、アクセス、セキュリティ」参照

問題35.

➡問題　p.270

解答　　B、C、D

Azure 仮想マシンは、IaaSのサービスとなるため適切ではありません。

Azure SQL Databaseは、データベースのPaaSサービスです。SQLサーバーを利用したデータベースをOSやミドルウェアの管理なしで利用できます。

Azure App Servceも同様にWebサーバーのPaaSサービスです。

Azure AIはAIの機能を手軽に提供可能なPaaSサービスです。

→「2-3 クラウドサービスの種類」参照

問題36.

➡問題　p.271

解答　B

AVD（Azure Virtual Desktop）は、Azure上のリソースとして定義されるため、管理や構成などAzure上での作業には、通常のRBAC（ロールベースアセス制御）の構成が必要となります。したがって、今回の設問は適切ではありません。また、セキュリティグループは、仮想ネットワークのサブネットや仮想マシンの仮想NICに対して通信のセキュリティ制御をするもので、ファイアウォールのような構成を行い、通信制御が可能です。

> **参考**　**AVDのチュートリアル**
> https://learn.microsoft.com/ja-jp/azure/virtual-desktop
> /tutorial-try-deploy-windows-11-desktop?tabs＝windows-client

→「3-2 Azureコンピューティングおよびネットワークサービス」、
「3-4 AzureのID、アクセス、セキュリティ」参照

問題37.

➡問題　p.271

解答　B

リソースグループへのアクセスを制御する場合、リソースグループそのものへのアクセスを制限する方法と特定のリソースをリソースグループで作成できないようにする方法があります。リソースグループそのものへのアクセスを制限する場合はAzureロールの設定変更、特定のリソースの作成時のパラメーター（ここでは特定のリソースグループでの作成）を制限する場合はAzureポリシーで実現します。

→「4-2 Azureのガバナンスとコンプライアンス機能およびツール」参照

問題38.

➡問題　p.272

解答　　B

　PaaSは不適切です。PaaS環境を利用した場合は、ミドルウェアを含めたOS などの構成要素は限られた操作のみとなり、多く作業をクラウド事業者に任せ ることができます。したがって、管理作業は軽減されますが、今回の目的とす るOSのセキュリティ更新などがハンドリングできなくなります。よって、今回 のケースではIaaSが適切となります。IaaSは、OSのセキュリティ更新やミドル ウェアの管理は利用者が管理する作業となります。

　　　　　　　　　　　　　　　　　　→「2-3 クラウドサービスの種類」参照

問題39.

➡問題　p.272

解答　　A

　テスト環境であるため、速度を求められていないことが推測されます。また、 明確な指示としてコストダウンが求められているため、一番安価に構成可能な Standard HDDが適切です。この選択は、速度が犠牲になりますが、安価に仮 想マシンを構成できるため、テストや検証環境には最適なオプションとなりま す。　　　　　　　　　　　　　　　　→「3-3 Azureストレージサービス」参照

問題40.

➡問題　p.272

解答　　D

　Cloud Shellの利用は、Azure Portalへの接続が必要となるため、管理者のコ ンピューターに必要なアプリケーションは、Webブラウザとなります。

　コマンドラインの操作自体は、Azure CLIやAzure PowerShellでも可能ですが、 これらのツールはCloud Shellとは異なります。さらに、事前インストールが必 要となるため、手軽にコマンドラインの利用を始めるときは、Azureポータル上 で利用できるCloud Shellが最適です。

　Azure Storage Explorerはストレージの管理ツールとなるため今回は最適ではあ りません。

　　　　→「4-3 Azureリソースを管理およびデプロイするための機能とツール」参照

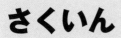

さくいん

さくいん

さくいん

さくいん

わ

ろ

■著者紹介

神谷　正（かみや　まさし）

マイクロソフト認定トレーナー (MCT)

2005年からMCTとしてトレーナ業に従事。Microsoft Server系の教育などを提供し、近年はAzureやセキュリティ系の教材開発・コース提供などを手掛ける。

2010年にはMCT年間アワードを受賞した。

基盤系技術以外に、.Netなどの開発コンテンツ作成やコース提供も行い幅広い知識に基づいてICT技術の教育を提供している。

第1章～第3章（3-1～3-3）、第4章、模擬試験を執筆。

国井　傑（くにい　すぐる）

株式会社エストディアン代表取締役

マイクロソフト認定トレーナー（MCT）、Microsoft MVP for Security

インターネットサービスプロバイダーでの業務経験を経て、1997年よりマイクロソフト認定トレーナーとしてインフラ基盤に関わるトレーニング全般を担当。

2022年からは株式会社エストディアンに所属し、Microsoft 365/Microsoft Azureセキュリティに特化したトレーニングに従事し、それぞれの企業ごとに必要なスキルを伸ばすワークショップなどを多数手がけている。

第3章（3-4）、第4章、模擬試験を執筆。

●装丁　　　　　　　菊池　祐（株式会社ライラック）　　　●図版　　　　　　　株式会社ウイリング
●本文デザイン・DTP　株式会社ウイリング　　　　　　　　●編集　　　　　　　遠藤　利幸

■お問い合わせについて

・ご質問前に p.2「ご購入・ご利用の前に必ずお読みください」に記載されている事項をご確認ください。

・ご質問は本書に記載されている内容に関するものに限定させていただきます。本書の内容と関係のない
　ご質問には一切お答えできませんので、あらかじめご了承ください。

・電話でのご質問は一切受け付けておりませんので、FAX または書面にて下記までお送りください。また、
　ご質問の際には書名と該当ページ、返信先を明記してくださいますようお願いいたします。

・お送り頂いたご質問には、できる限り迅速にお答えできるよう努力いたしておりますが、お答えするま
　でに時間がかかる場合がございます。また、回答の期日をご指定いただいた場合でも、ご希望にお応え
　できるとは限りませんので、あらかじめご了承ください。

・ご質問の際に記載された個人情報は、ご質問への回答以外の目的には使用しません。また、回答後は速
　やかに破棄いたします。

■問い合わせ先

〒 162-0846
東京都新宿区市谷左内町 21-13
株式会社技術評論社 書籍編集部
「最短突破　Microsoft Azure Fundamentals［AZ-900］合格教本 改訂新版」係
FAX：03-3513-6183
技術評論社ホームページ
https://gihyo.jp/book/

さいたんとっぱ　マイクロソフト アジュール　ファンダメンタルズ　エーゼット
最短突破 Microsoft Azure Fundamentals [AZ-900]
ごうかくきょうほん　かいていしんぱん
合格教本 改訂新版

2021 年 11 月 13 日　初　版　第 1 刷発行
2024 年　5 月 24 日　第 2 版　第 1 刷発行

著者　　　　　　　　かみや　まさし　くにい　すぐる
　　　　　　　　　　神谷　正、国井　傑
発行者　　　　　　　片岡　巌
発行所　　　　　　　株式会社技術評論社
　　　　　　　　　　東京都新宿区市谷左内町 21-13
　　　　　　　　　　電話　　03-3513-6150　販売促進部
　　　　　　　　　　　　　　03-3513-6166　書籍編集部
印刷／製本　　　　　日経印刷株式会社

定価はカバーに表示してあります。

ISBN978-4-297-14136-3　C3055
Printed in Japan